高职高专"十一五"规划教材

数控机床编程与加工

朱立初　主编
陈志明　主审

化学工业出版社
·北京·

本书以突出操作技能为主导，立足于应用，在内容组织和编排上，选用了技术先进、占市场份额最大的 FANUC 系统作为典型数控系统进行剖析。从数控机床加工工艺入手，介绍了数控车床、铣床及加工中心的编程与操作；详细介绍了 FANUC 0i 系统数控编程的常用指令格式和各类典型数控机床加工零件的基本编程方法。

本书可作为高职高专院校和中职类数控技术应用专业、机电一体化专业、机械制造及自动化专业、模具设计与制造等相关专业的教学用书或技能培训用书，也可供有关专业的师生及从事相关工作的工程技术人员参考、培训与自学使用。

本书有配套电子课件，可免费提供给采用本书作为教材的学校使用，如有需要请登录 www.cipedu.com.cn 免费下载。

图书在版编目(CIP)数据

数控机床编程与加工/朱立初主编. —北京：化学工业出版社，2010.1（2018.3重印）
高职高专"十一五"规划教材
ISBN 978-7-122-07333-4

Ⅰ. 数… Ⅱ. 朱… Ⅲ. ①数控机床-程序设计-高等学校：技术学院-教材②数控机床-加工-高等学校：技术学院-教材 Ⅳ. TG659

中国版本图书馆 CIP 数据核字（2009）第 228480 号

责任编辑：王金生　赵文应　　　　　装帧设计：王晓宇
责任校对：陈　静

出版发行：化学工业出版社（北京市东城区青年湖南街 13 号　邮政编码100011）
印　　刷：三河市航远印刷有限公司
装　　订：三河市瞰发装订厂
787mm×1092mm　1/16　印张 12　字数　301　千字　2018 年 3 月北京第 1 版第 2 次印刷

购书咨询：010-64518888（传真：010-64519686）　售后服务：010-64518899
网　　址：http：//www.cip.com.cn
凡购买本书，如有缺损质量问题，本社销售中心负责调换。

定　价：23.00 元　　　　　　　　　　　　　　　　　　　　版权所有　违者必究

前 言

随着我国制造业的迅猛发展，数控机床的数量也迅速增加，导致数控技术应用型人才紧缺。据相关资料统计，近年来，数控编程操作类应用人才每年缺口达几十万。如何在较短的时间内培养出一批懂数控技术的高素质技能型人才，是当前高职教育所面临的重大问题。本书从培养应用技术型人才的目的出发，根据生产实际对数控编程与加工人员的要求，兼顾高等教育及职业教育的教学要求进行编写。

本书构思新颖，结构合理，注重理论联系实际，实用性较强。讲解深入浅出，内容丰富，详简得当；既注重先进性又照顾实用性，将加工工艺与数控编程有机地结合在一起，且编程实例丰富，并加以详细的讲解，是一本实用性强、适应面宽的学习及培训教材。本书将数控机床必备的数控加工工艺规程的制订与数控编程有机联系在一起，结合编者在数控加工工艺和数控编程方面的教学经验编写，并有多处内容是作者的独立见解和经验总结。书中所选实例具有一定的代表性，实例经过数控加工仿真系统模拟验证，具有可行性，读者可以举一反三。

本书以突出操作技能为主导，立足于应用，在内容组织和编排上，选用了技术先进、占市场份额最大的 FANUC 系统作为典型数控系统进行剖析。从数控机床加工工艺入手，介绍了数控车床、铣床及加工中心的编程与操作；详细介绍了 FANUC 0i 系统数控编程的常用指令格式和各类典型数控机床加工零件的基本编程方法。全书共分为 6 章，第 1 章为数控机床加工工艺；第 2 章为数控机床加工编程基础；第 3 章为数控车削零件的程序编制；第 4 章为数控铣削零件的程序编制；第 5 章为加工中心的编程与操作；第 6 章为数控电火花线切割加工编程。每章结束后有适量的思考与练习题，便于学生课后复习。

本书可作为高职高专院校和中职类数控技术应用专业、机电一体化专业、机械制造及自动化专业、模具设计与制造等相关专业的教学用书或技能培训用书，也可供有关专业的师生及从事相关工作的工程技术人员参考、培训与自学使用。

为方便教师讲课和学生自学，本书有配套电子课件免费提供给选用本书作为教材的学校使用，有需要的老师或相关人员可登录 www.cipedu.com.cn 下载。

本书由长沙南方职业学院的朱立初任主编，湖南机电职业学院的刘林枝任副主编。第 1 章、第 6 章由刘林枝编写，第 2 章、第 3 章、第 4 章由朱立初编写，第 5 章由长沙南方职业学院的覃志文编写。全书由朱立初负责统稿定稿。华中科技大学的陈志明副教授担任本书主审，湖南大学的熊高荣为此书的编写提出了许多宝贵意见和建议。

限于编者学识水平和经验，书中难免有不少疏漏和不妥之处，恳请读者批评指正。

编者
2009 年 10 月

目 录

第1章 数控机床加工工艺 ... 1
1.1 数控机床加工工艺概述 ... 1
1.1.1 数控机床加工的特点 ... 1
1.1.2 数控机床加工工艺的主要内容 ... 2
1.2 数控机床加工工艺的制订 ... 3
1.2.1 零件图工艺分析 ... 3
1.2.2 工序的划分 ... 4
1.2.3 加工路线的确定 ... 5
1.2.4 工件的定位、安装与夹具的选择 ... 7
1.2.5 刀具的选择 ... 7
1.2.6 切削用量的选择 ... 10
1.3 典型零件的数控车削加工工艺 ... 12
1.3.1 数控车削的主要加工对象 ... 12
1.3.2 数控车削零件的加工工艺 ... 13
1.4 典型零件的数控铣削加工工艺 ... 18
1.4.1 数控铣削的主要加工对象 ... 18
1.4.2 数控铣削零件的加工工艺 ... 19
本章小结 ... 22
思考与练习题 ... 22

第2章 数控机床加工编程基础 ... 24
2.1 数控编程概述 ... 24
2.1.1 数控编程的概念 ... 24
2.1.2 数控编程的方法 ... 24
2.1.3 数控编程的内容及步骤 ... 25
2.2 数控机床的坐标系统 ... 26
2.2.1 机床坐标轴及运动方向 ... 26
2.2.2 机床坐标轴的确定 ... 27
2.2.3 机床坐标系、工件坐标系 ... 28
2.2.4 刀位点、对刀点、换刀点 ... 31
2.2.5 绝对坐标编程与增量坐标编程 ... 31
2.3 数控加工零件程序的结构 ... 32
2.3.1 零件程序的结构 ... 32
2.3.2 零件程序段格式 ... 32
2.4 数控编程的数值计算 ... 36
2.4.1 基点坐标的计算 ... 37

2.4.2 节点坐标的计算 ·· 37
2.4.3 数控编程的辅助计算 ······································ 38
本章小结 ··· 39
思考与练习题 ··· 40

第3章 数控车削零件的程序编制 ································ 42
3.1 数控车床的编程特点 ·· 42
3.2 数控车床编程的基本指令 ·································· 42
3.2.1 单位设定 G 指令 ·· 42
3.2.2 辅助功能 M 指令 ·· 43
3.2.3 坐标系设定 G 指令 ······································· 44
3.2.4 刀具定位 G 指令 ·· 45
3.2.5 简单车削 G 指令的编程与加工 ·························· 47
3.2.6 子程序指令 M98、M99 ·································· 58
3.3 车削循环切削指令的编程与加工 ························· 60
3.3.1 单一固定循环切削指令 ··································· 60
3.3.2 复合循环切削指令 ·· 65
3.4 刀具补偿功能 ·· 74
3.4.1 刀具的几何补偿和磨损补偿 ····························· 74
3.4.2 刀尖圆弧半径自动补偿指令 ····························· 75
3.5 FANUC 0i 系统数控车床的编程与加工综合应用 ······· 78
3.5.1 轴类零件的数控车削编程加工实例 ····················· 78
3.5.2 轴套类零件的数控车削编程加工实例 ·················· 80
本章小结 ··· 84
思考与练习题 ··· 84

第4章 数控铣削零件的程序编制 ································ 87
4.1 数控铣床的分类与编程特点 ······························· 87
4.1.1 数控铣床的分类 ··· 87
4.1.2 数控铣床的编程特点 ····································· 89
4.2 数控铣床编程的基本指令 ·································· 89
4.2.1 单位设定 G 指令 ·· 89
4.2.2 进给速度控制指令 ·· 90
4.2.3 关于直角坐标与极坐标的指令 ·························· 92
4.2.4 关于坐标系与坐标平面的指令 ·························· 94
4.2.5 刀具定位 G 指令 ·· 97
4.2.6 铣削 G 指令的编程与加工 ······························· 100
4.2.7 子程序指令 M98、M99 ·································· 104
4.3 刀具补偿功能 ·· 105
4.3.1 刀具长度补偿 ··· 105
4.3.2 刀具半径补偿 ··· 107
4.4 简化编程指令的编程与加工 ······························· 109

    4.4.1　比例缩放 G51、G50 ………………………………………………………… 109
    4.4.2　坐标系旋转 G68、G69 …………………………………………………… 111
    4.4.3　可编程镜像 G51.1、G50.1 ………………………………………………… 112
  4.5　孔加工固定循环 ……………………………………………………………………… 114
    4.5.1　孔加工的动作 ………………………………………………………………… 114
    4.5.2　固定循环编程通用格式 ……………………………………………………… 114
    4.5.3　固定循环的加工方式说明 …………………………………………………… 115
    4.5.4　固定循环编程使用时注意事项 ……………………………………………… 123
    4.5.5　固定循环编程综合举例 ……………………………………………………… 123
  4.6　用户宏程序 …………………………………………………………………………… 124
    4.6.1　变量 …………………………………………………………………………… 125
    4.6.2　算术运算和逻辑运算 ………………………………………………………… 125
    4.6.3　转移和循环 …………………………………………………………………… 126
    4.6.4　宏程序调用 …………………………………………………………………… 129
    4.6.5　非模态调用（G65） ………………………………………………………… 129
  4.7　FANUC 0i 系统数控铣床的编程与加工综合应用 ………………………………… 132
  本章小结 ……………………………………………………………………………………… 137
  思考与练习题 ………………………………………………………………………………… 137

第5章　加工中心的编程与操作 …………………………………………………………… 141
  5.1　加工中心简介 ………………………………………………………………………… 141
    5.1.1　加工中心的组成及分类 ……………………………………………………… 141
    5.1.2　加工中心的刀库及换刀 ……………………………………………………… 143
  5.2　加工中心的特点 ……………………………………………………………………… 144
    5.2.1　加工中心的加工特点 ………………………………………………………… 144
    5.2.2　加工中心的程序编制特点 …………………………………………………… 145
    5.2.3　加工中心的加工对象与特点 ………………………………………………… 145
  5.3　加工中心的自动换刀程序 …………………………………………………………… 146
  5.4　FANUC 0i 系统加工中心编程与加工综合应用 …………………………………… 146
  5.5　FANUC 0i 系统加工中心的操作 …………………………………………………… 149
    5.5.1　机床准备 ……………………………………………………………………… 149
    5.5.2　手动操作 ……………………………………………………………………… 150
    5.5.3　对刀 …………………………………………………………………………… 150
    5.5.4　设置参数 ……………………………………………………………………… 154
    5.5.5　数控程序处理 ………………………………………………………………… 155
    5.5.6　程序运行 ……………………………………………………………………… 157
  本章小结 ……………………………………………………………………………………… 157
  思考与练习题 ………………………………………………………………………………… 157

第6章　数控电火花线切割加工编程 ……………………………………………………… 160
  6.1　数控电火花线切割加工概述 ………………………………………………………… 160
    6.1.1　数控电火花线切割加工原理、特点及应用 ………………………………… 160

6.1.2 数控电火花线切割加工工艺指标及影响因素 ………………………………… 161
6.2 数控电火花线切割加工工艺简介 …………………………………………………… 163
　　6.2.1 数控电火花线切割加工工艺步骤 …………………………………………… 163
　　6.2.2 数控电火花线切割典型零件加工工艺分析 ………………………………… 172
6.3 数控电火花线切割编程加工 ………………………………………………………… 175
　　6.3.1 ISO 代码程序编制 …………………………………………………………… 175
　　6.3.2 3B 代码格式程序编制 ………………………………………………………… 179
本章小结 …………………………………………………………………………………… 181
思考与练习题 ……………………………………………………………………………… 181

参考文献 ………………………………………………………………………………… 184

第 1 章 数控机床加工工艺

1.1 数控机床加工工艺概述

数控加工就是将零件图形和工艺参数、加工步骤等以数字信息的形式,编成程序代码输入到数控机床的控制系统中,再由其进行运算处理后转换成驱动伺服机构的指令信号,从而控制数控机床各执行部件协调动作,自动地加工出零件。

1.1.1 数控机床加工的特点

(1) 数控机床加工的特点
① 适应性强。

数控机床的每一个运动方向定义为一个坐标轴,数控机床能实现多个坐标轴的联动,所以数控机床能完成复杂型面的加工,特别是对于可用数学方程式和坐标点表示的形状复杂的零件,加工非常方便。并且同一台数控机床,在加工不同的零件时,只需变换加工程序、调整刀具参数等,不必用凸轮、靠模、样板或其他模具等专用工艺装备,且可采用成组技术的成套夹具。因此,零件生产的准备周期短,有利于机械产品的迅速更新换代,特别适合多品种、中小批量和复杂型面的零件加工。所以,数控机床的适应性非常强。

② 加工质量稳定。

对于同一批零件,由于使用同一类数控机床和刀具及同一个加工程序,刀具的运动轨迹完全相同,且数控机床是根据数控程序自动地进行加工,可以避免人为的误差,这就保证了零件加工的一致性且质量稳定。

③ 生产效率高。

数控机床跟普通机床相比较,其刚度大,功率大,主轴转速和进给速度范围大且为无级变速,所以每道工序都可选择较大而合理的切削用量,减少了机动时间。

数控机床加工可免去零件加工过程中的画线工作。数控机床加工的空行程速度大大高于普通机床,缩短了刀具快进、快退的时间。数控机床的定位精度、加工精度较稳定,一般省去加工过程中的中间检验,而只做关键工序间的尺寸抽样检验,减少了停机检验时间。

数控车床和加工中心能一次装夹,自动换刀加工,缩短了辅助加工时间。所以,数控机床比普通机床的生产效率高。数控机床的时间利用率高达 90%,而普通机床仅为 30%~50%。

④ 加工精度高。

数控系统每输出一个脉冲,机床移动部件的移动量称为脉冲当量。数控机床的脉冲当量一般为 0.001mm,高精度的数控机床可达 0.0001mm,甚至更高,其运动分辨率远远高于普通机床。另外,数控机床具有位置检测装置,可将移动部件的实际位移量或滚珠丝杆、伺服电机的转角反馈到数控系统中,并由数控系统自动进行补偿。因此数控加工可获得比机床本身精度还高的加工精度,所以零件加工尺寸的精度高。

⑤ 工序集中，一机多用。

数控机床特别是带自动换刀的数控加工中心，在一次装夹的情况下，几乎可以完成零件的全部加工工序，一台数控机床可以代替数台普通机床。这样可以减少装夹误差，节约工序之间的运输、测量和装夹等辅助时间，还可以节省机加工车间的占地面积，带来较高的经济效益。

⑥ 减轻劳动强度。

在输入数控程序并启动机床后，数控机床就自动地连续加工，直至零件加工完毕。只要对操作人员进行了专门的培训，操作人员只是观察机床的运行，这样就使工人的劳动强度大大降低。

⑦ 易于建立与计算机间的通信联络，容易实现群控。

数控机床使用数字信息与标准代码处理、传递信息，易于建立与计算机间的通信联络，一台计算机可以控制多台数控机床，容易实现群控。

（2）数控加工零件的特点

在数控机床上加工的可以是普通零件，但更多的是普通机床加工起来具有一定的难度或对操作人员的技术水平有相当高的要求的零件，一般在数控机床上加工的零件有如下的特点。

① 多品种、小批量生产的零件或新产品试制中的零件、短期急需的零件。

② 轮廓形状复杂，对加工精度要求较高的零件。

③ 用普通机床加工较困难或无法加工（需昂贵的工艺装备）的零件。

④ 价值昂贵，加工中不允许报废的关键零件。

（3）数控加工工艺的特点

由于数控加工是利用程序进行加工，因此，数控加工工艺就必须有利于数控程序的编写并体现数控加工的特点，一般数控加工工艺具有如下的特点。

① 数控加工工艺要充分考虑编程的要求。

② 数控加工工艺中工序相对集中，因此，工件各部位的数控加工顺序可能与普通机床上的加工顺序有很大区别。数控工艺规程中的工序内容要求特别详细。如加工部位、加工顺序、刀具配置与使用顺序，刀具加工时的对刀点、换刀点及走刀路线、夹具及工件的定位与安装、切削参数等，都要清晰明确，数控加工工艺中的工序内容比普通机床加工工艺中的工序内容详细得多。

1.1.2 数控机床加工工艺的主要内容

① 分析加工零件的图纸，明确加工内容及技术要求，并根据数控编程的要求对零件图作数学处理。

② 制定数控加工路线，确定数控加工方法。

③ 确定工件的定位与装夹方法，确定刀具、夹具。

④ 调整数控加工工序，如对刀点、换刀点的选择、刀具的补偿等。

⑤ 分配数控加工中的加工余量，确定各工序的切削参数。

⑥ 填写数控加工工艺卡片。

⑦ 填写数控加工刀具卡片。

⑧ 绘制各道工序的数控加工路线图。

1.2 数控机床加工工艺的制订

制订数控加工工艺是数控加工的前期工艺准备工作。数控加工工艺贯穿于数控程序中,数控加工工艺制订的合理与否,对程序的编制、机床的加工效率和零件的加工精度都有重要影响。因此,应遵循一般的工艺原则并结合数控加工的特点认真而详细地分析零件的数控加工工艺。

1.2.1 零件图工艺分析

分析零件图是工艺制订中的首要工作,它主要包括以下内容。

(1) 零件结构工艺性分析

零件结构工艺性是指零件对加工方法的适应性,即所分析的零件结构应便于加工成型。在进行零件结构分析时,若发现零件的结构不合理等问题应向设计人员或有关部门提出修改意见。

【例 1-1】 零件结构工艺性分析。图 1-1 中的三个槽,一个槽的槽宽为 4mm,一个槽的槽宽为 5mm,一个槽的槽宽为 3mm,均不相等,三个槽的槽深也不相等,这给数控编程和加工增加了难度,如果不影响零件的强度和使用,建议把三个槽宽和三个槽深修改成一样的尺寸。

(2) 轮廓几何要素分析

零件轮廓是数控加工的最终轨迹,也是数控编程的依据。在手工编程时,要计算零件轮廓上每个基点的坐标,在自动编程时,要对构成零件轮廓的所有几何元素进行定义,因此,在分析零件图时,要分析零件轮廓的几何元素的给定条件是否充分。由于设计等多方面的原因,可能在图样上出现构成零件加工轮廓的条件不充分,尺寸模糊不清及缺陷,增加了编程工作的难度,有的甚至无法编程。

【例 1-2】 轮廓几何要素分析。在图 1-2 手柄零件轮廓中,$R8$ 的球面和 $R60$ 的弧面相切,要确定切点,必须通过计算求出切点的位置,如图中的 $\phi14.77$ 和 4.923,否则,不能编程。同理,$R60$ 的弧面和 $R40$ 的弧面的相切点,也必须通过计算求出切点的位置,如图中的 $\phi21.2$ 和 44.8;$R40$ 的弧面和 $\phi24$ 的外圆柱相交,也要通过计算求出交点的位置,如图中的 $\phi24$ 和 73.436,只有这样,手工编程才能顺利进行。

分析轮廓要素时,以能在 AutoCAD 上准确绘制的轮廓为充分条件。

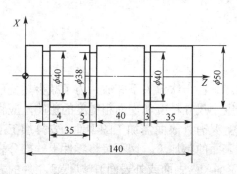

图 1-1 零件的结构工艺性分析

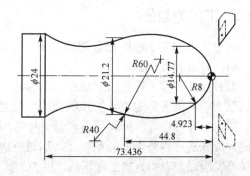

图 1-2 轮廓几何要素分析

（3）精度及技术要求分析

对被加工零件的精度及技术要求进行分析，是零件工艺性分析的重要内容，只有在分析零件尺寸精度、形状精度、位置精度和表面粗糙度的基础上，才能对加工方法、装夹方式、刀具及切削用量进行正确而合理的选择。

精度及技术要求分析主要包括以下内容。

① 分析精度及各项技术要求是否齐全、是否合理。

② 分析每道工序的加工精度能否达到图样要求，若达不到，需采取其他措施（如磨削）弥补的话，则应给后续工序留有余量。

③ 找出图样上有位置精度要求的表面，这些表面应在一次安装下完成加工。

④ 对表面粗糙度要求较高的表面，应确定相应的工艺措施（如磨削）。

（4）零件图的数学处理

零件图的数学处理主要是计算零件加工轨迹的尺寸，即计算零件加工轮廓的基点和节点的坐标，或刀具中心轮廓的基点和节点的坐标，以便编制加工程序。

① 基点坐标的计算

基点的含义：构成零件轮廓的不同几何素线的交点或切点称为基点。基点可以直接作为刀具切削的起点或终点。

基点坐标计算的内容：刀具切削过程中每条运动轨迹的起点和终点在选定的工件坐标系中的坐标值，刀具切削圆弧时的圆心坐标值。

基点坐标计算的方法比较简单，一般可根据零件图样所给的已知条件用人工完成。即依据零件图样上给定的尺寸运用代数、三角、几何或解析几何的有关知识，直接计算出数值。在计算时，要注意小数点后的位数要留够，以保证在数控加工后有足够的精度。

② 节点坐标的计算

对于一些平面轮廓是非圆曲线方程组成，如渐开线、阿基米德螺线等，只能用能够加工的微小直线段和圆弧段去逼近它们。这时数值计算的任务就是计算节点的坐标。

节点的定义：当采用不具备非圆曲线插补功能的数控机床来加工非圆曲线轮廓的零件时，在加工程序的编制工件中，常用多个微小直线段和圆弧段去近似代替非圆曲线，这称为拟合处理。这些微小直线段和圆弧段称为拟合线段，拟合线段的交点或切点称为节点。

节点坐标的计算：节点坐标的计算难度和工作量都较大，通常由计算机完成，必要时也可由人工计算，常用的有直线逼近法（等间距法、等步长法和等误差法）和圆弧逼近法，求出所有节点的坐标值。有人用 AutoCAD 绘图，然后捕获节点的坐标值，在精度允许的范围内，这也是一个简易而有效的方法。

1.2.2 工序的划分

划分数控加工工序时推荐遵循以下原则。

（1）保证精度的原则

数控加工要求工序尽可能集中，常常粗、精加工在一次装夹下完成，为了减少热变形和切削力引起的变形对工件的形状精度、位置精度、尺寸精度和表面粗糙度的影响，应将粗、精加工分开进行。对既有内表面（内型、腔），又有外表面需加工的零件，安排加工工序时，应先进行内外表面的粗加工，后进行内外表面的精加工。切不可将零件上一部分表面（外表面或内表面）加工完毕后，再加工其他表面（内表面或外表面），以保证工件的表面质量要求。同时，对一些箱体零件，为保证孔的加工精度，应先加工表面而后加工孔。遵循保证精度的原则，实际上就是以零件的精度为依据来划分数控加工的工序。

(2) 提高生产效率的原则

数控加工中,为减少换刀次数,节省换刀时间,应将需用同一把刀加工的部位全部加工完成后,再换另一把刀来加工其他部位,同时应尽量减少刀具的空行程。用同一把刀加工工件的多个部位时,应以最短的路线到达各加工部位。遵循提高生产效率的原则,实际上就是以加工效率为依据来划分数控加工的工序。

实际中,数控加工工序要根据具体零件的结构特点、技术要求等情况综合考虑。

1.2.3 加工路线的确定

在数控加工中,刀具(严格说是刀位点)相对于工件的运动轨迹称为加工路线。即刀具从对刀点开始运动起,直至加工程序结束所经过的路径,包括切削加工的路径和刀具快退及刀具引入、返回等非切削空行程。

加工路线的确定首先必须保证被加工零件的尺寸精度和表面质量,其次考虑数值计算简单,走刀路线尽量短,效率较高等。

下面举例分析数控机床加工零件时常用的加工路线。

【例 1-3】 车圆锥的加工路线。

在数控车床上车外圆锥,假设圆锥大径为 D,小径为 d,锥长为 L,车圆锥的加工路线如图 1-3 所示。

按图 1-3(a)的阶梯切削路线,二刀粗车,最后一刀精车。此种加工路线,粗车时,刀具背吃刀量相同,但精车时,背吃刀量不同;同时刀具切削运动的路线最短。

按图 1-3(b)的相似斜线切削路线,粗、精车时,刀具背吃刀量相同,刀具切削运动的距离较短。车圆锥的两种加工路线均适合于手工编程。

【例 1-4】 车圆弧的加工路线。

车圆弧时,若用一刀粗车就把圆弧加工出来,这样吃刀量太大,容易打刀。所以,实际车圆弧时,需要多刀加工,先用粗车将大部分余量切除,最后才精车所需圆弧。

图 1-4 所示为车圆弧的阶梯切削路线。即先粗车成阶梯形状,最后一刀精车出圆弧。此方法在确定了每次车削的背吃刀量 a_p 后,须精确计算出粗车的终刀距 S,即求圆弧与直线的交点。此方法刀具切削运动距离较短,但数值计算较繁。

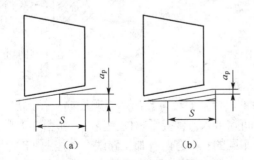

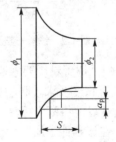

图 1-3 车圆锥的加工路线　　　　图 1-4 车圆弧的阶梯切削路线

图 1-5 所示为车圆弧的同心圆弧切削路线。即用不同的半径圆来车削,最后将所需圆弧加工出来。此方法在确定了每次车削的背吃刀量 a_p 后,对 90°圆弧的起点、终点坐标较易确定,数值计算简单,编程方便,经常采用。但按图 1-5(b)加工时,刀具的空行程时间较长。

图 1-6 所示为车圆弧的车锥法切削路线。即先车一个圆锥，再车圆弧。此时要注意车圆锥时的起点和终点的确定，若确定不好，则可能损坏圆弧表面，也可能将余量留得过大。

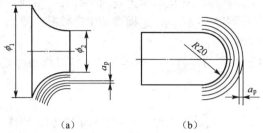
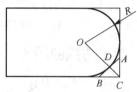

图 1-5　车圆弧的同心圆弧切削路线　　　图 1-6　车圆弧的车锥法切削路线

【例 1-5】　轮廓铣削的加工路线。

对于连续铣削轮廓，特别是加工圆弧轮廓时，要注意安排好刀具的切入、切出，要尽量避免交接处重复加工，否则会出现明显的界限痕迹。如图 1-7 所示，用圆弧插补方式铣削外整圆时，要安排刀具从切向进入圆周铣削加工，当整圆加工完毕后，不要在切点处直接退刀，而让刀具多运动一段直线距离，最好沿切线方向退刀，以免取消刀具补偿时，刀具与工件表面相碰撞，造成工件报废。铣削内圆弧时，也要遵守从切向切入、切出的原则，安排切入、切出过渡圆弧，如图 1-8 所示，设刀具从工件坐标原点出发，其加工路线为 1—2—3—4—5，在 5 点加工完后，刀具回到原点。这样安排可以提高内孔表面的加工精度和质量。

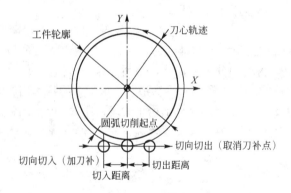
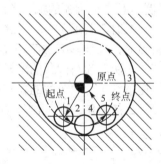

图 1-7　铣削外整圆的加工路线　　　图 1-8　铣削内孔的加工路线

【例 1-6】　位置精度要求高的孔系加工路线。

对于位置精度要求较高的孔系加工，特别要注意孔的加工顺序的安排，加工顺序安排不当时，就有可能将沿坐标轴的反向间隙带入，直接影响位置精度。如图 1-9 所示，图（a）为零件图，在该零件上加工六个尺寸相同的孔，有两种加工路线。当按图（b）所示路线加工时，即加工完 1、2、3、4 孔后再加工 5、6 孔，由于加工 5、6 孔时与加工 1、2、3、4 孔时定位方向相反，在 Y 方向运动时，反向间隙会使定位误差增加，而影响 5、6 孔与其他孔的位置精度。按图（c）所示路线，加工完 4 孔后，往上移动一段距离到 P 点，然后再折回来加工 5、6 孔，这样与加工 1、2、3 孔时 Y 方向运动方向一致，可避免反向间隙的引入，提高 5、6 孔与其他孔的位置精度。

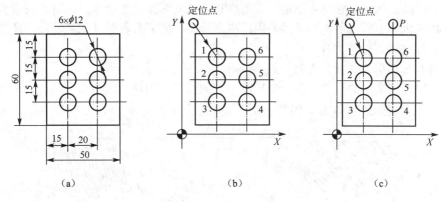

图 1-9 孔加工路线

1.2.4 工件的定位、安装与夹具的选择

为了充分发挥数控机床的高速度、高精度和自动化的效能，还应有相应的数控夹具进行配合。

（1）工件定位、安装的基本原则

① 力求设计基准、工艺基准与编程计算的基准统一。

② 尽量减少工件的装夹次数，尽可能在一次定位装夹后，加工出全部待加工表面。

③ 避免采用占机人工调整式加工方案，以充分发挥数控机床的效能。

（2）选择夹具的基本原则

① 当零件加工批量不大时，应尽量采用组合夹具、可调式夹具及其他通用夹具，以缩短生产准备时间，节省生产费用。

② 零件在夹具上的装卸要快速、方便、可靠，以缩短机床的停机时间。

③ 夹具上各零部件应不妨碍机床对零件各加工表面的加工，即夹具要开敞，其定位夹紧元件不能影响加工中的走刀（如产生碰撞等）。

（3）常用数控夹具

① 数控车床夹具。数控车床夹具除了使用通用三爪自定心卡盘、四爪卡盘、大批量生产中使用便于自动控制的液压、电动及气动夹具外，数控车床加工中还有多种相应的夹具，它们主要分为两大类，即用于轴类工件的夹具和用于盘类工件的夹具。

a. 用于轴类工件的夹具。数控车床加工轴类工件时，坯件装卡在主轴顶尖和尾座顶尖之间，工件由主轴上的拨盘或拨齿顶尖带动旋转。这类夹具在粗车时可以传递足够大的转矩，以适应主轴高速旋转车削。

用于轴类工件的夹具还有自动夹紧卡盘、三爪自定心卡盘和快速可调万能卡盘等。

车削空心轴时常用圆柱心轴、圆锥心轴或各种锥套轴或堵头作为定位装置。

b. 用于盘类工件的夹具。这类夹具适用在无尾座的卡盘式数控车床上。用于盘类工件的夹具主要有可调卡爪式卡盘和快速可调卡盘等。

② 数控铣床上的夹具一般安装在工作台上，其形式根据被加工工件的特点可多种多样。如：通用台虎钳、数控分度转台等。

1.2.5 刀具的选择

与普通机床加工方法相比，数控加工对刀具提出了更高的要求，不仅要求刀具的刚性好、精度高,而且要求尺寸稳定,耐用度高,断屑和排屑性能好;同时还要求安装调整方便。数控机床上所选用的刀具常采用适应高速切削的刀具材料(如高速钢、超细粒度硬质合金)并使用可转位刀片。

(1) 车削用刀具及其选择

数控车削常用的车刀一般分尖形车刀、圆弧形车刀以及成型车刀三类。车削刀具形状与被加工表面的关系如图1-10所示。

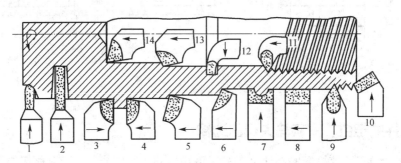

图 1-10 车削刀具形状与被加工表面的关系

1—圆弧形车刀;2—切断刀;3—90°左偏刀;4—90°右偏刀;5—弯头车刀;6—直头车刀;7—成型车刀;8—宽刃精车刀;9—外螺纹车刀;10—端面车刀;11—内螺纹车刀;12—内槽车刀;13—通孔车刀;14—盲孔车刀

① 尖形车刀。以直线形切削刃为特征的车刀一般称为尖形车刀。这类车刀的刀尖由直线形的主副切削刃构成,如90°内、外圆车刀,左、右端面车刀,切槽(断)车刀及刀尖倒棱很小的各种外圆和内孔车刀。

尖形车刀几何参数(主要是几何角度)的选择方法与普通车削时基本相同,但应结合数控加工的特点(如加工路线、加工干涉等)进行全面的考虑,并应兼顾刀尖本身的强度。

用这类车刀加工零件时,其零件的轮廓形状主要由一个独立的刀尖或一条直线形主切削刃位移后得到,它与另两类车刀加工时所得到零件轮廓形状的原理是截然不同的。

② 圆弧形车刀。圆弧形车刀是较为特殊的数控加工用车刀。其特征是构成主切削刃的刀刃形状为一圆度误差或轮廓误差很小的圆弧,该圆弧上的每一点都是圆弧形车刀的刀尖,因此,刀位点不在圆弧上,而在该圆弧的圆心上。车刀圆弧半径理论上与被加工零件的形状无关,并可按需要灵活确定或经测定后确认。

圆弧形车刀可以用于车削内外表面,特别适合于车削各种光滑连接(凹形)的成型面。

选择车刀圆弧半径时应考虑两点:一是车刀切削刃的圆弧半径应小于或等于零件凹形轮廓上的最小曲率半径,以免发生加工干涉;二是车刀圆弧半径不宜选择太小,否则不但制造困难,还会因刀尖强度太弱或刀体散热能力差而导致车刀损坏。

当某些尖形车刀或成型车刀(如螺纹车刀)的刀尖具有一定的圆弧形状时,也可作为这类车刀使用。

③ 成型车刀。成型车刀俗称样板车刀,其加工零件的轮廓形状完全由车刀刀刃的形状和尺寸决定。数控车削加工中,常见的成型车刀有小半径圆弧车刀、非矩形车槽刀和螺纹车刀等。在数控加工中,应尽量少用或不用成型车刀,当确有必要选用时,则应在工艺文件或加工程序单上进行详细说明。

(2) 铣削用刀具及其选择

① 平底立铣刀(见图1-11)。数控加工中,铣削平面零件及其内外轮廓时常用平底立铣刀,该刀具有关参数的经验数据如下。

铣刀半径 R_D 应小于零件内轮廓面的最小曲率半径 R_{min}，一般取 $R_D=(0.8\sim 0.9)R_{min}$。零件的加工高度 $H\leqslant(4\sim 6)R_D$，以保证刀具有足够的刚度。

粗加工内轮廓时，铣刀最大直径 D 可按下式计算（参见图1-12）：

$$D=2R_D=\frac{2\left(\Delta\sin\frac{\varphi}{2}-\Delta_1\right)}{1-\sin\frac{\varphi}{2}}+2R_{min} \qquad (1-1)$$

式中：R_{min} 为轮廓的最小凹圆角半径；Δ 为圆角邻边夹角等分线上的精加工余量；Δ_1 为精加工余量；φ 为圆角两邻边的最小夹角。

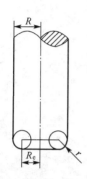

图1-11 平底立铣刀

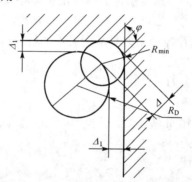

图1-12 粗加工铣刀直径估算

用平底立铣刀铣削内槽底部时，由于槽底两次走刀需要搭接，而刀具底刃起作用的半径为 $R_e=R-r$，如图1-11所示，即每次切槽的直径为 $d=2R_e=2(R-r)$，故编程时应取刀具半径为 $R_e=0.95(R-r)$，以避免两次走刀之间出现过高的刀痕。

② 常用的其他铣刀。对于一些立体型面和变斜角轮廓外形的加工，常用球形铣刀、环形铣刀、鼓形铣刀、锥形铣刀和盘形铣刀。如图1-13所示。

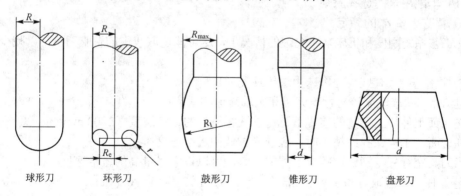

图1-13 常用的其他铣刀

（3）标准化刀具

目前，数控机床上大多使用系列化、标准化刀具，对可转位机夹外圆车刀、端面车刀等的刀柄和刀头都有国家标准及系列化型号；对于加工中心及有自动换刀装置的机床，刀具的刀柄都已有系列化和标准化的规定，如锥柄刀具系统的标准代号为 TSG—JT，直柄刀具系统的标准代号为 DSG—JZ。

此外，对所选择的刀具，在使用前都需对刀具尺寸进行严格的测量以获得精确数据，并由操作者将这些数据输入到数控系统中，经程序在加工过程调用，从而加工出合格的工件。

① 标准化数控加工刀具从结构上可分为：

a. 整体式；

b. 镶嵌式，镶嵌式又可以分为焊接式和机夹式。机夹式根据刀体结构不同，又分为可转位和不转位两种；

c. 减振式，当刀具的工作臂长与直径之比较大时，为了减少刀具的振动，提高加工精度，多采用此类刀具；

d. 内冷式，切削液通过刀体内部由喷孔喷射到刀具的切削刃部；

e. 特殊型式，如复合刀具、可逆攻螺纹刀具等。

② 标准化数控加工刀具从所采用的材料可分为：

a. 高速钢刀具；

b. 硬质合金刀具；

c. 陶瓷刀具；

d. 立方氮化硼刀具；

e. 金刚石刀具；

f. 涂层刀具。

1.2.6 切削用量的选择

选择合理的切削用量，要综合考虑生产率、加工质量和加工成本。一般情况，粗加工时由于要尽量保证较高的金属切除率和必要的刀具耐用度，考虑选择一个尽可能大的背吃刀量 a_p，其次选择一个较大的进给量 f，最后确定一个合适的切削速度 v_c。精加工时，由于要保证工件的加工质量，应选用较小（但不太小）的背吃刀量 a_p 和进给量 f，并选用切削性能高的刀具材料和合理的几何参数，以尽可能提高切削速度 v_c。

（1）车削用量的选择原则

① 背吃刀量 a_p 的确定。

在工艺系统刚度和机床功率允许的情况下，尽可能选取较大的背吃刀量，以减少进给次数。

② 进给量 f（有些数控机床用进给速度 v_f）。

进给量 f 的选取应该与背吃刀量和主轴转速相适应；

在保证工件加工质量的前提下，可以选择较高的进给速度（2000 mm/min 以下）；

在切断、车削深孔或精车时，应选择较低的进给速度；

当刀具空行程特别是远距离"回零"时，可以设定尽量高的进给速度；

粗车时，一般取 f=0.3～0.8 mm/r，精车时常取 f=0.1～0.3 mm/r，切断时 f=0.05～0.2 mm/r。

③ 主轴转速的确定。

a. 光车外圆时主轴转速。光车外圆时主轴转速应根据零件上被加工部位的直径，并按零件和刀具材料以及加工性质等条件所允许的切削速度来确定。

切削速度确定后，用公式 $n =1000 v_c /\pi d$ 计算主轴转速 n（r/min）。表 1-1 为数控车削用量推荐表。

如何确定加工时的切削速度，除了可参考表 1-1 列出的数值外，主要还应根据实践经验进行确定。

表 1-1 数控车削用量推荐表

工件材料	加工方式	背吃刀量/mm	切削速度/(m·min^{-1})	进给量/(mm·r^{-1})	刀具材料
碳素钢 σ_b>600 MPa	粗加工	5~7	60~80	0.2~0.4	YT 类
	粗加工	2~3	80~120	0.2~0.4	
	精加工	0.2~0.3	120~150	0.1~0.2	
	车螺纹		70~100	导程	
	钻中心孔		500~800 r/min		W18Cr4V
	钻孔		20~30	0.1~0.2	
	切断（宽度<5 mm）		70~110	0.1~0.2	YT 类
合金钢 σ_b=1470 MPa	粗加工	2~3	50~80	0.2~0.4	YT 类
	精加工	0.1~0.15	60~100	0.1~0.2	
	切断（宽度<5 mm）		40~70	0.1~0.2	
铸铁 200 HBS 以下	粗加工	2~3	50~70	0.2~0.4	YG 类
	精加工	0.1~0.15	70~100	0.1~0.2	
	切断（宽度<5 mm）		50~70	0.1~0.2	
铝	粗加工	2~3	600~1000	0.2~0.4	YG 类
	精加工	0.2~0.3	800~1200	0.1~0.2	
	切断（宽度<5 mm）		600~1000	0.1~0.2	
黄铜	粗加工	2~4	400~500	0.2~0.4	YG 类
	精加工	0.1~0.15	450~600	0.1~0.2	
	切断（宽度<5 mm）		400~500	0.1~0.2	

b. 车螺纹时主轴的转速。大多数经济型数控车床推荐车螺纹时的主轴转速 n（r/min）为：

$$n \leqslant (1200/P) - k$$

式中　P——被加工螺纹螺距，mm；

　　　k——保险系数，一般取为 80。

(2) 铣削用量的选择原则

① 背吃刀量 a_p 或侧吃刀量 a_e。

背吃刀量 a_p 为平行于铣刀轴线测量的切削层尺寸，单位为 mm。端铣时，a_p 为切削层深度；而圆周铣削时，为被加工表面的宽度。侧吃刀量 a_e 为垂直于铣刀轴线测量的切削层尺寸，单位为 mm。端铣时，a_e 为被加工表面宽度；而圆周铣削时，a_e 为切削层深度。

a. 当工件表面粗糙度值要求为 R_a=12.5~25 μm 时，如果圆周铣削加工余量小于 5 mm，端面铣削加工余量小于 6 mm，粗铣一次进给就可以达到要求。但是在余量较大，工艺系统刚性较差或机床动力不足的情况下，可分为两次进给完成。

b. 当工件表面粗糙度值要求为 R_a=3.2~12.5 μm 时，应分为粗铣和半精铣两步进行。粗铣时背吃刀量或侧吃刀量的选取同前。粗铣后留 0.5~1.0 mm 的余量，在半精铣时切除。

c. 当工件表面粗糙度值要求为 R_a=0.8~3.2 μm 时，应分为粗铣、半精铣、精铣三步进行。半精铣时背吃刀量或侧吃刀量取 1.5~2 mm；精铣时，圆周铣侧吃刀量取 0.3~0.5 mm，面铣刀背吃刀量取 0.5~1 mm。

② 进给量 f 与进给速度 v_f 的选择。

铣削加工的进给量 f（mm/r）是指刀具转一周，工件与刀具沿进给运动方向的相对位移量；进给速度 v_f（mm/min）是单位时间内工件与铣刀沿进给方向的相对位移量。进给速度与进给量的关系为 $v_f=nf$（n 为铣刀转速，单位为 r/min）。进给量与进给速度是数控铣床加工切削用量中的重要参数,可根据零件的表面粗糙度、加工精度要求、刀具及工件材料等因素,参考切削用量手册选取,或通过选取每齿进给量f_z,再根据公式$f=Zf_z$（Z为铣刀齿数）计算得到。每齿进给量的确定可参考表1-2选取。

表1-2　铣刀每齿进给量参考值

工件材料	f_z/mm			
	粗　铣		精　铣	
	高速钢铣刀	硬质合金铣刀	高速钢铣刀	硬质合金铣刀
钢	0.10～0.15	0.10～0.25	0.02～0.05	0.10～0.15
铸铁	0.12～0.20	0.15～0.30		

③ 切削速度v_c。

铣削的切削速度v_c与刀具的耐用度、每齿进给量、背吃刀量、侧吃刀量以及铣刀齿数成反比,而与铣刀直径成正比。其原因是当f_z、a_p、a_e和Z增大时,刀刃负荷增加,而且同时工作的齿数也增多,使切削热增加,刀具磨损加快,从而限制了切削速度的提高。为提高刀具耐用度,允许使用较低的切削速度。加大铣刀直径可改善散热条件,提高切削速度。

铣削加工的切削速度v_c可参考表1-3选取,也可参考有关切削用量手册中的经验公式通过计算选取。

表1-3　铣削加工的切削速度参考值

工件材料	硬度（HBS）	v_c/(m·min^{-1})	
		高速钢铣刀	硬质合金铣刀
钢	<225	18～42	66～150
	225～325	12～36	54～120
	325～425	6～21	36～75
铸铁	<190	21～36	66～150
	190～260	9～18	45～90
	260～320	4.5～10	21～30

1.3　典型零件的数控车削加工工艺

1.3.1　数控车削的主要加工对象

（1）精度要求高的回转体零件

由于数控车床刚性好,制造和对刀精度高,以及能方便和精确地进行人工补偿和自动补偿,所以能加工尺寸精度要求较高的零件。在有些场合可以以车代磨。此外,数控车削的刀具运动是通过高精度插补运算和伺服驱动来实现的,再加上机床的刚性好和制造精度高,所以它能加工直线度、圆度、圆柱度等形状精度要求高的零件。对于圆弧以及其他曲线轮廓,加工出的形状与图纸上所要求的几何形状的接近程度比用仿形车床要高得多。数控车削对提高位置精度特别有效,且加工质量稳定。

（2）表面粗糙度要求高的回转体零件

数控车床具有恒线速切削功能,能加工出表面粗糙度值小而均匀的零件。在材质、精车余量和刀具已定的情况下，表面粗糙度取决于进给量和切削速度。在普通车床上车削锥面和端面时，由于转速恒定不变，致使车削后的表面粗糙度不一致，只有某一直径处的粗糙度值最小。使用数控车床的恒线速切削功能，就可选用最佳线速度来切削锥面和端面，使车削后的表面粗糙度值既小又一致。数控车削还适合于车削各部位表面粗糙度要求不同的零件。粗糙度值要求大的部位选用大的进给量，要求小的部位选用小的进给量。

（3）表面形状复杂的回转体零件

由于数控车床具有直线和圆弧插补功能，所以可以车削由任意直线和曲线组成的形状复杂的回转体零件。

组成零件轮廓的曲线可以是数学方程式描述的曲线，也可以是列表曲线。对于由直线或圆弧组成的轮廓，直接利用机床的直线或圆弧插补功能；对于由非圆曲线组成的轮廓应先用直线或圆弧去逼近，然后再用直线或圆弧插补功能进行插补切削。

（4）带特殊螺纹的回转体零件

普通车床所能车削的螺纹相当有限，它只能车等导程的直、锥面公、英制螺纹，而且一台车床只能限定加工若干种导程。数控车床不但能车任何等导程的直、锥和端面螺纹，而且能车增导程、减导程，以及要求等导程与变导程之间平滑过渡的螺纹。数控车床车削螺纹时主轴转向不必像普通车床那样交替变换，它可以一刀又一刀不停顿地循环，直到完成，所以它车螺纹的效率很高。数控车床可以配备精密螺纹切削功能，再加上一般采用硬质合金成型刀片，以及可以使用较高的转速，所以车削出来的螺纹精度高、表面粗糙度小。

1.3.2 数控车削零件的加工工艺

（1）轴类零件数控车削加工工艺分析

下面以图 1-14 所示轴为例，介绍其数控车削加工工艺。所用机床为 CJK 6032—3 数控车床。

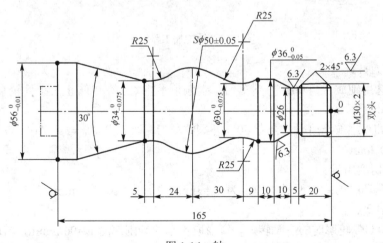

图 1-14 轴

① 零件图工艺分析。

该零件表面由圆柱、圆锥、顺圆弧、逆圆弧及双线螺纹等表面组成。其中多个直径尺寸有较严的尺寸精度和表面粗糙度等要求；球面 $S\phi50$mm 的尺寸公差还兼有控制该球面形状（线轮廓）误差的作用。尺寸标注完整，轮廓描述清楚。零件材料为 45 钢，无热处理和硬度要求。

通过上述分析，采取以下几点工艺措施。

a. 对图样上给定的几个精度要求较高（IT7～IT8）的尺寸，因其公差数值较小，故编程时不必取平均值，而全部取其基本尺寸即可。

b. 在轮廓曲线上，有三处为过象限圆弧，其中两处为既过象限又改变进给方向的轮廓曲线，因此在加工时应进行机械间隙补偿，以保证轮廓曲线的准确性。

c. 为便于装夹，坯件左端应预先车出夹持部分（双点画线部分），右端面也应先车出并钻好中心孔。毛坯选 $\phi 60mm$ 棒料。

② 确定装夹方案。

确定坯件轴线和左端大端面为定位基准。左端采用三爪自定心卡盘定心夹紧、右端采用活动顶尖支承的装夹方式。

③ 确定加工顺序及进给路线。

加工顺序按由粗到精、由近到远（从右到左）的原则确定。即先从右到左进行粗车（留0.25mm 精车余量），然后从右到左进行精车，最后车削螺纹。

CJK 6032—3 数控车床具有粗车循环和车螺纹循环功能，只要正确使用编程指令，机床数控系统就会自行确定其进给路线，因此，该零件的粗车循环和车螺纹循环不需要人为确定其进给路线。但精车的进给路线需要人为确定，该零件是从右到左沿零件表面轮廓进给，如图 1-15 所示。

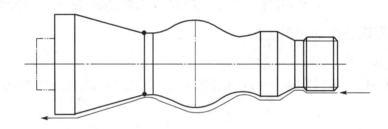

图 1-15 轴的加工路线

④ 选择刀具。

a. 粗车选用硬质合金 90°外圆车刀，副偏角不能太小，以防止与工件轮廓发生干涉，必要时应作图检验，本例取 $\kappa_r=35°$。

b. 精车和车螺纹选用硬质合金 60°外螺纹车刀，取刀尖角 $\varepsilon_r=59°30'$，取刀尖圆弧半径 $r_\varepsilon=0.15～0.2mm$。

⑤ 选择切削用量。

a. 粗车循环时的背吃刀量，确定为 $a_p=3mm$；精车时 $a_p=0.25mm$。

b. 主轴转速：

车直线和圆弧轮廓时的主轴转速，查表取粗车的切削速度 $v_c=90m/min$，精车的切削速度 $v_c=120m/min$。根据坯件直径（精车时取平均直径），通过公式 $n=1000 v_c/\pi d$ 计算，并结合机床说明书选取转速：粗车时，取主轴转速 $n=500r/min$；精车时，取主轴转速 $n=1200r/min$。

车螺纹时的主轴转速，取主轴转速 $n=80r/min$。

c. 进给速度：先选取进给量，然后用公式 $v=nf$ 计算。粗车时，选取进给量 $f=0.4mm/r$，精车时，选取 $f=0.15mm/r$，计算得：粗车进给速度 $v_f=200mm/min$；精车进给速度 $f=180mm/min$。车螺纹的进给量等于螺纹导程，即 $f=2mm/r$。短距离空行程的进给速度取

v_f =400mm/min。

⑥ 编制工艺文件。

a. 数控加工工序卡片见表1-4。

b. 数控加工刀具卡片见表1-5。

表1-4 数控加工工序卡

（工厂）	数控加工工序卡片		产品名称或代号		零件名称		材料		零件图号
工序号	程序编号		夹具名称		夹具编号		使用设备		车间
工步号	工步内容	加工面	刀具号	刀具规格	主轴转速 /(r·min^{-1})	进给量 /(mm·r^{-1})	背吃刀量		备注
1	粗车循环		T01		500	0.4	3		
2	精车循环		T02		1200	0.15	0.25		
3	车螺纹循环		T02		80				
4	切槽		T03		300	0.2			
5									
6									
7									
8									
9									
10									
编制		审核		批准			共 页		第 页

表1-5 数控加工刀具卡

产品名称		零件名称		零件图号			程序编号	
工步号	刀具号	刀具名称		刀具型号	刀片		刀具半径 /mm	备注
					型号	牌号		
1	T01	硬质合金90°外圆车刀			CCMT097308		1	
2	T02	硬质合金60°外螺纹车刀			DNMA110404		0.4	
3	T03	5mm宽切槽刀						
4								
5								
6								
7								
8								
9								
编制		审核		批准			共 页	第 页

（2）轴套类零件数控车削加工工艺

下面以图1-16所示轴承套为例，介绍数控车削加工工艺（单件小批量生产），所用机床为CJK6240。

① 零件图工艺分析。

该零件表面由内外圆柱面、内圆锥面、顺圆弧、逆圆弧及外螺纹等表面组成，其中多个直径尺寸与轴向尺寸有较高的尺寸精度和表面粗糙度要求。零件图尺寸标注完整，符合数控加工尺寸标注要求；轮廓描述清楚完整；零件材料为45钢，切削加工性能较好，无热处理和硬度要求。

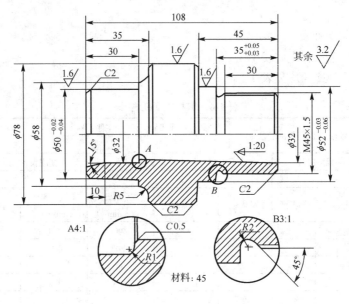

图 1-16 轴承套

通过上述分析,采取以下几点工艺措施。

a. 零件图样上带公差的尺寸,因公差值较小,故编程时不必取其平均值,而取基本尺寸即可。

b. 左、右端面均为多个尺寸的设计基准,相应工序加工前,应该先将左、右端面车出来。

c. 内孔尺寸较小,镗1:20锥孔后,镗ϕ32孔及15°内孔斜面时需掉头装夹。

② 确定装夹方案。

内孔加工时以外圆定位,用三爪自动定心卡盘夹紧。加工外轮廓时,为保证一次安装加工出全部外轮廓,需要设一圆锥心轴装置,用三爪卡盘夹持心轴左端,心轴右端留有中心孔并用尾座顶尖顶紧以提高工艺系统的刚性,如图1-17所示。

③ 确定加工顺序及走刀路线。

加工顺序的确定按由内到外、由粗到精、由近到远的原则确定,在一次装夹中尽可能加工出较多的工件表面。结合本零件的结构特征,可先加工内孔各表面,然后加工外轮廓表面。由于该零件为单件小批量生产,走刀路线设计不必考虑最短进给路线或最短空行程路线,外轮廓表面车削走刀路线可沿零件轮廓顺序进行,如图1-18所示。

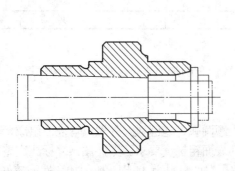
图 1-17 外轮廓车削装夹方案

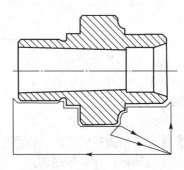
图 1-18 外轮廓加工走刀路线

④ 选择刀具。见表 1-7 数控加工刀具卡。

⑤ 选择切削用量。

根据被加工表面质量要求、刀具材料和工件材料，参考切削用量手册或有关资料选取切削速度与每转进给量，计算结果填入数控加工工序卡 1-6 中。

背吃刀量的选择因粗、精加工而有所不同。粗加工时，在工艺系统刚性和机床功率允许的情况下，尽可能取较大的背吃刀量，以减少进给次数；精加工时，为保证零件表面粗糙度要求，背吃刀量一般取 0.1～0.4 mm 较为合适。

⑥ 编制工艺文件。

a. 数控加工工序卡见表 1-6。

b. 数控加工刀具卡片。

表 1-6 数控加工工序卡

工厂名称			产品名称或代号		零件名称		零件图号	
			数控车工艺分析实例		轴承套		Lethe－01	
工序号		程序编号	夹具名称		使用设备		车间	
001		Letheprg－01	三爪卡盘和自制心轴		CJK6240		数控车削中心	
工步号	工步内容	刀具号	刀具规格/mm	主轴转速/($r \cdot min^{-1}$)	进给速度/($mm \cdot min^{-1}$)	背吃刀量（半径值）/mm	备注
1	平端面	T01		420		1	手动
2	钻 $\phi 5$ 中心孔	T02	$\phi 5$	600		2.5	手动
3	钻底孔至 $\phi 26$	T03	$\phi 26$	300		13	手动
4	2 次粗镗 $\phi 32$ 内孔、15° 斜面及 C0.5 倒角	T04		420	40	0.8	自动
5	2 次精镗 $\phi 32$ 内孔、15° 斜面及 C0.5 倒角	T04		500	25	0.2	自动
6	掉头装夹粗镗 1∶20 锥孔	T04		420	40	0.8	自动
7	精镗 1∶20 锥孔	T04		500	20	0.2	自动
8	心轴装夹自右至左粗车外轮廓	T05		420	40	1	自动
9	自左至右粗车外轮廓	T06		420	40	1	自动
10	自右至左精车外轮廓	T05		500	20	0.1	自动
11	自左至右精车外轮廓	T06		500	20	0.1	自动
12	切 R2 退刀槽	T07		300			自动
13	卸心轴改为三爪装夹粗车 M45×1.5 螺纹	T08		120		0.4	自动
	精车 M45×1.5 螺纹			120		0.1	自动
编制	×××	审核	×××	批准	×××	××××年×月×日	共1页	第1页

表 1-7 数控加工刀具卡片

产品名称或代号		数控车工艺分析实例	零件名称	轴承套	零件图号	Lathe-01
序号	刀具号	刀具规格名称	数量	加工表面	刀尖半径/mm	备注
1	T01	45° 硬质合金端面车刀	1	车端面	0.5	
2	T02	$\phi 5$ 中心钻	1	钻 $\phi 5$mm 中心孔		
3	T03	$\phi 26$ mm 钻头	1	钻底孔		
4	T04	镗刀	1	镗内孔各表面	0.4	
5	T05	93° 右偏刀	1	自右至左车外表面	0.2	
6	T06	93° 左偏刀	1	自左至右车外表面		
7	7	成形车刀				
8	T08	60° 外螺纹车刀	1	车 M45 螺纹		
编制	×××	审核	×××	批准	×××	××××年 ×月×日	共1页	第1页

注意：车削外轮廓时，为防止副后刀面与工件表面发生干涉，应选择较大的副偏角，必要时可作图检验。本例中选 $\kappa'_r = 55°$。

1.4 典型零件的数控铣削加工工艺

1.4.1 数控铣削的主要加工对象

数控铣削是机械加工中最常用和最主要的数控加工方法之一，它除了能铣削普通铣床所能铣削的各种零件表面外，还能铣削普通铣床不能铣削的需 2～5 坐标联动的各种平面轮廓和立体轮廓。根据数控铣床的特点，从铣削加工角度来考虑，适合数控铣削的主要加工对象有以下几类。

（1）平面类零件

加工面平行或垂直于水平面，或加工面与水平面的夹角为定角的零件为平面类零件（见图 1-19）。目前在数控铣床上加工的绝大多数零件属于平面类零件。平面类零件的特点是各个加工面是平面，或可以展开成平面。例如图 1-19 中的曲线轮廓面 M 和正圆台面 N，展开后均为平面。

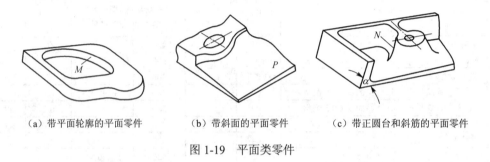

(a) 带平面轮廓的平面零件　　(b) 带斜面的平面零件　　(c) 带正圆台和斜筋的平面零件

图 1-19　平面类零件

平面类零件是数控铣削加工对象中最简单的一类零件，一般只需要三坐标数控铣床的两坐标联动（即两轴半联动）就可以把它们加工出来。

（2）变斜角类零件

加工面与水平面的夹角呈连续变化的零件称为变斜角类零件。这类零件多为飞机零件，如飞机上的整体梁、框、缘条与肋等；此外还有检验夹具与装配型架等也属于变斜角类零件。如图 1-20 所示是飞机上的一种变斜角梁缘条，该零件的上表面在第 2 肋至第 5 肋的斜角 α 从 3°10′ 均匀变化到 2°32′，从第 5 肋至第 9 肋再均匀变化到 1°20′，从第 9 肋到第 12 肋又均匀变化到 0°。

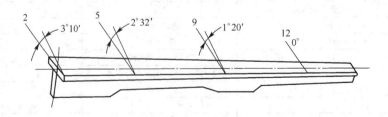

图 1-20　变斜角零件

变斜角类零件的变斜角加工面不能展开为平面，但在加工中，加工面与铣刀圆周接触的瞬间为一条线。最好采用四坐标或五坐标数控铣床摆角加工，在没有上述机床时，可采用三坐标数控铣床，进行两轴半坐标近似加工。

（3）曲面类零件

加工面为空间曲面的零件称为曲面类零件，如模具、叶片、螺旋桨等。曲面类零件的加工面不能展开为平面，加工时，加工面与铣刀始终为点接触。加工曲面类零件一般采用三坐标数控铣床。当曲面较复杂、通道较狭窄、会伤及毗邻表面及需刀具摆动时，要采用四坐标或五坐标铣床。

1.4.2　数控铣削零件的加工工艺

（1）平面凸轮零件的数控铣削加工工艺

平面凸轮零件是数控铣削加工中常见的零件之一，其轮廓曲线组成不外乎直线——圆弧、圆弧——圆弧、圆弧——非圆曲线及非圆曲线等几种。所用数控机床多为两轴以上联动的数控铣床。加工工艺过程也大同小异。下面以图1-21所示的平面槽形凸轮为例分析其数控铣削加工工艺。

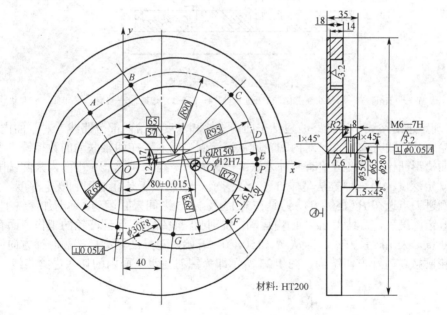

图1-21　平面槽形凸轮简图

① 零件图纸工艺分析。图纸分析主要分析凸轮轮廓形状、尺寸和技术要求、定位基准及毛坯等。

本例零件（见图1-21）是一种平面槽形凸轮，其轮廓由圆弧 HA、BC、DE、FG 和直线 AB、HG 以及过渡圆弧 CD、EF 所组成，需用两轴联动的数控铣床。

材料为铸铁，切削加工性较好。

该零件在数控铣削加工前，工件是一个经过加工、含有两个基准孔、直径为 ϕ280mm、厚度为 18mm 的圆盘。圆盘底面 A 及 ϕ35G7 和 ϕ12H7 两孔可用作定位基准，无需另作工艺孔定位。

凸轮槽组成几何元素之间关系清楚，条件充分，编程时，所需基点坐标很容易求得。

凸轮槽内外轮廓面对 A 面有垂直度要求，只要提高装夹精度，使 A 面与铣刀轴线垂直，即可保证；ϕ35G7 对 A 面的垂直度要求已由前工序保证。

② 确定装夹方案。一般大型凸轮可用等高垫块垫在工作台上，然后用压板螺栓通过凸轮孔压紧。外轮廓平面盘形凸轮的垫块要小于凸轮的轮廓尺寸，不与铣刀发生干涉。对小型凸轮，一般用心轴定位、压紧即可。

根据图 1-21 所示凸轮的结构特点，采用"一面两孔"定位，设计一"一面两销"专用夹具。用一块 320mm×320mm×40mm 的垫块，在垫块上分别精镗ϕ35mm 及 ϕ12mm 两个定位销安装孔，孔距为 80mm±0.015mm，垫块平面度为 0.05mm，加工前先固定垫块，使两定位销孔的中心连线与机床的 z 轴平行，垫块的平面要保证与工作台面平行，并用百分表检查。

图 1-22 为本例凸轮零件的装夹方案示意图。采用双螺母夹紧，提高装夹刚性，防止铣削时振动。

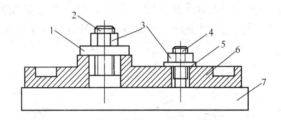

图 1-22 凸轮装夹示意图

1—开口垫圈；2—带螺纹圆柱销；3—压紧螺母；4—带螺纹削边销；5—垫圈；6—工件；7—垫块

③ 确定进给路线。进给路线包括平面内进给和深度进给两部分路线。对平面内进给，对外凸轮廓从切线方向切入，对内凹轮廓从过渡圆弧切入。在两轴联动的数控铣床上，对铣削平面槽形凸轮，深度进给有两种方法：一种方法是在 xz（或 yz）平面内来回铣削逐渐进刀到既定深度；另一种方法是先打一个工艺孔，然后从工艺孔进刀到既定深度。

本例进刀点选在 P（150，0），刀具在 y–15 及 y+15 之间来回运动，逐渐加深铣削深度，当达到既定深度后，刀具在 xy 平面内运动，铣削凸轮轮廓。为保证凸轮的工作表面有较好的表面质量，采用顺铣方式，即从 P（150，0）开始，对外凸轮廓，按顺时针方向铣削，对内凹轮廓按逆时针方向铣削，图 1-23 所示即为铣刀在水平面内的切入进给路线。

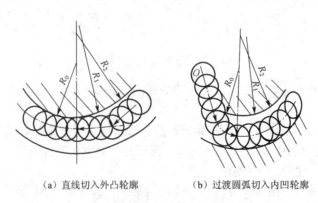

(a) 直线切入外凸轮廓　　　　(b) 过渡圆弧切入内凹轮廓

图 1-23 平面槽形凸轮的切入进给路线

④ 选择刀具及切削用量。铣刀材料和几何参数主要根据零件材料切削加工性、工件表面几何形状和尺寸大小选择；切削用量是依据零件材料特点、刀具性能及加工精度要求确定。通常为提高切削效率要尽量选用大直径的铣刀；侧吃刀量取刀具直径的三分之一到

二分之一，背吃刀量应大于冷硬层厚度；切削速度和进给速度应通过试验选取效率和刀具寿命的综合最佳值。精铣时切削速度应高一些。

本例零件材料（铸铁）属于一般材料，切削加工性较好，选用ϕ18mm 硬质合金立铣刀，主轴转速取 150～235r/min，进给速度取 30～60mm/min。槽深 14mm，铣削余量分三次完成，第一次背吃刀量 8mm，第二次背吃刀量 5mm，剩下的 1mm 随同轮廓精铣一起完成。凸轮槽两侧面各留 0.5～0.7mm 精铣余量。在第二次进给完成之后，检测零件几何尺寸，依据检测结果决定进刀深度和刀具半径偏置量，分别对凸轮槽两侧面精铣一次，达到图样要求的尺寸。

（2）平面轮廓零件的加工工艺分析

对如图 1-24 所示纸垫落料模凸模轮廓进行加工。刀具直径为ϕ10，刀具号为 01，切削深度为 5mm，工件表面 z 坐标为 0。（给定毛坯为 160×100×20，所有表面的粗糙度 R_a 为 3.2）。

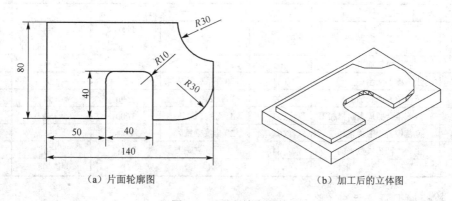

(a) 片面轮廓图 (b) 加工后的立体图

图 1-24　平面轮廓零件

① 零件图纸工艺分析。从平面轮廓图中知，所有尺寸的公差没有标注，即为一般公差，选用中等级（GB 1804-m），其极限偏差为：±0.3。数控机床在正常维护和操作情况下是完全可以达到的。

② 确定装夹方案。工件直接安装在机床工作台面上，用两块压板压紧。凹模中心为工件坐标系 x、y 的原点，上表面为工件坐标系 z 的零点。

③ 确定进给路线。根据零件表面粗糙度的要求，应有粗、精加工。根据毛坯、刀具的直径，分两次进刀进行粗加工。留加工余量 0.2 mm。加工的起点设置在工件轮廓外面，距工件边约 10 mm。并设置刀补。为保证加工平稳不振动，起刀点与切入终点取在一条直线上，如图 1-25 所示。

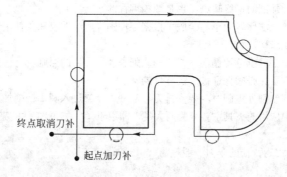

图 1-25　刀具路径的规划

④ 选择刀具及切削用量。根据工件的加工工艺，型腔粗加工选用ϕ20mm 波刃立铣刀；上凹槽精加工采用ϕ20mm 平底立铣刀；下凹槽精加工为 R3mm 球头铣刀。底面锥台四周表面的精加工采用直径为ϕ4mm 的平底立铣刀（因锥台直角边与底平面交线距离仅为 4.113mm）；用ϕ20mm 的平底立铣刀精加工底部锥台上表面和上、下凹槽过渡平面。上、下凹槽粗加工一起进行，精加工采用ϕ6mm 的球头铣刀。切削用量的选择见表1-8。

⑤ 编制工艺文件。

a. 数控加工工序卡片（见表1-8）。

表1-8 数控加工工序卡

（工厂）	数控加工工序卡片		产品名称或代号	零件名称	材料	零件图号
	工序号	程序编号	夹具名称	夹具编号	使用设备	车间
工步号	工步内容		刀具号	刀具规格	主轴转速 /($r \cdot min^{-1}$)	进给量 /($mm \cdot min^{-1}$)	背吃刀量/mm
1	型腔挖槽粗加工		T01	ϕ20 波刃立铣刀	500	200	2
2	上凹槽表面精加工		T04	ϕ20 平底立铣刀	600	150	
3	下凹槽表面精加工		T02	R3 球头铣刀	1500	150	
4	底部锥台四周表面精加工		T03	ϕ4 平底立铣刀	1600	150	
5	底部锥台上表面精加工		T04	ϕ20 平底立铣刀	600	150	
6	上、下凹槽过渡平面		T04	ϕ20 平底立铣刀	600	150	
编制		审核		批准	共 页	第 页

b. 数控加工刀具卡片（略）。

【本章小结】

本章主要讲述了数控加工的特点，数控加工工艺的主要内容，典型零件的车削加工工艺及铣削加工工艺等数控加工工艺的基础性内容。

思考与练习题

一、填空题

1. 制订数控加工工艺是（　　）的前期工艺准备工作。
2. （　　）是工艺制订中的首要工作。
3. 零件轮廓是数控加工的最终轨迹，也是数控编程的（　　）。
4. 基点坐标计算的方法比较简单，一般可根据零件图样所给的已知条件用（　　）完成。
5. 拟合线段的交点或切点称为（　　）。
6. 划分数控加工工序时推荐遵循（　　）的原则和（　　）的原则。
7. 加工路线的确定首先必须保证被加工零件的（　　）和（　　）。
8. 用圆弧插补方式铣削外整圆时，要安排刀具从（　　）进入圆周铣削加工。
9. 数控车床加工中应用的夹具主要分为两大类，即用于（　　）工件的夹具和用于（　　）工件的夹具。
10. 以直线形切削刃为特征的车刀一般称为（　　）。

二、判断题

1. （　　）构成零件轮廓的不同几何素线的交点或切点称为基点。

2. (　　) 节点坐标的计算难度和工作量都较大，通常由计算机完成。
3. (　　) 车圆弧时，若用一刀粗车就把圆弧加工出来，效率高，质量好。
4. (　　) 车锥法切削路线。即先车一个圆锥，再车圆弧。此时要注意车圆锥时的起点和终点的确定，若确定不好，则可能损坏圆弧表面，也可能将余量留得过大。
5. (　　) 当整圆加工完毕后，最好在切点处直接退刀。

三、简答题

1. 简述数控机床加工的特点。
2. 数控加工工艺的内容有哪些？
3. 为什么要分析零件的结构工艺性？
4. 精度分析主要包括哪些内容？
5. 数控加工对刀具有哪些要求？
6. 怎样确定平底立铣刀的半径？
7. 确定图 1-26 中套筒零件的加工顺序及进给线路，并选择相应的加工刀具。毛坯为棒料。
8. 编写图 1-27 中所示盘类零件的数控车削加工工艺。毛坯为铸件。

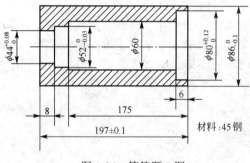

图 1-26　简答题 7 图

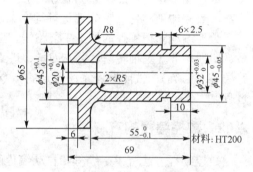

图 1-27　简答题 8 图

9. 零件如图 1-28 所示，试根据给出的条件，确定出最大铣刀直径是多少？
10. 零件如图 1-29 所示，试制订其外轮廓面的数控铣削加工工艺。

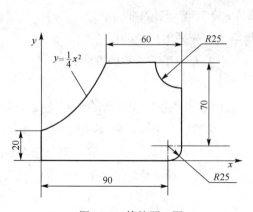

图 1-28　简答题 9 图

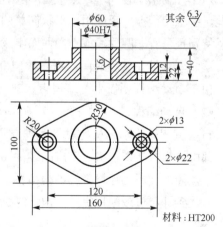

图 1-29　简答题 10 图

第 2 章　数控机床加工编程基础

2.1　数控编程概述

2.1.1　数控编程的概念

数控加工是指按照事先编制好的加工程序,在数控机床上自动对工件进行加工的工艺方法。数控加工零件,首先要进行程序编制,即要进行数控编程,简称编程。

数控编程即把零件的加工工艺路线、工艺参数、刀具的走刀路线、刀具或工件的移动量、切削参数(主轴转速、背吃刀量、进给量等)以及辅助功能(主轴正反转、冷却液的开关、换刀等),按照数控系统规定的指令代码及程序格式编写成完整的数控加工程序的过程。

2.1.2　数控编程的方法

数控编程方法有手工编程和自动编程两种。

(1) 手工编程

手工编程是指数控编程的各个阶段的工作都是由人工完成的。

对于几何形状较简单,计算工作量小,程序较短的零件,采用手工编程既经济又省时。因此,手工编程被广泛应用于形状简单的点位加工及平面加工中。对于一些形状复杂的零件,特别是具有非圆曲线或空间曲面组成的零件,手工编程计算非常烦琐又费时,且易出错。这时,为缩短编程时间,提高数控机床利用率,应采用自动编程的方法。

由于自动编程要以手工编程为基础,故本书主要介绍手工编程的方法。

(2) 自动编程

自动编程是指从分析零件图到编制零件加工程序和制备控制介质的全部过程大部分或全部由计算机(编程机)完成的零件编程称为自动编程。编程人员只需根据零件图样的要求,按照所使用的计算机辅助编程系统的规定,将图形信息输入到计算机中,输入某些工艺参数到计算机或编程机中,由计算机或编程机自动处理,部分或全部完成数控加工程序的编制。

自动编程代替编程人员完成了大量烦琐的数值计算工作,对于复杂曲面的自动编程,其编程效率可以提高几十倍甚至上百倍,解决了手工编程无法解决的许多复杂零件的编程难题,避免了许多因人为因素而产生的错误。

目前常见的图形输入方式计算机辅助制造软件有 UGⅡ、Pro/E、Catia-cimtron、Mastercam、CAXA 等。

2.1.3 数控编程的内容及步骤

（1）数控编程的内容

① 零件图样工艺分析。

通过对零件的材料、形状、尺寸、精度、表面粗糙度、毛坯形状和热处理要求等进行分析，确定该零件在数控机床上加工的可行性。

② 确定加工工艺过程。

根据零件图样的工艺分析，选定加工机床、刀具和夹具，确定零件加工的工艺路线、工序及切削用量等。

③ 数值计算。

根据零件图样和确定的加工路线，建立一个合理的工件坐标系，计算工件轮廓相邻几何元素的交点和切点的坐标值，即基点的坐标值；或计算出用直线或圆弧逼近零件轮廓几何元素的交点和切点的坐标值，即计算出节点的坐标值。

④ 编写零件加工程序单。

编程人员根据加工路线计算出的数据和已确定的切削用量，按照数控系统指令代码及程序格式的规定，编写加工程序单。

⑤ 输入/传送程序。

输入/传送程序是指把编制好的加工程序输入到数控系统。常用的输入方法有：直接在操作面板上进行手工输入程序；利用 DNC（数据传输）功能，将计算机上编制的加工程序通过传输软件和接口传输到数控系统。

⑥ 程序校验，首件试切。

编制好的加工程序须经校验和试切削才能进行正式加工。为检验加工轨迹是否正确，在有图形显示功能的机床上模拟运行，在显示器上观察刀具的运动轨迹的正确性。对于空间曲面零件，可用蜡、塑料等材料作为工件，进行试切削，以检验程序的正确性。或通过专门的数控仿真软件或 CAM 系统自带的仿真模块来模拟实际加工过程对数控代码进行检验。

上述方法只能检查运动轨迹的正确性，不能判别工件的加工误差。首件试切可检查程序单是否出错，还可检查加工精度是否符合要求。

⑦ 形成数控加工工艺文件。

通过程序校验和首件试切的数控加工程序，若发现错误，则分析错误的性质，修改至合格为止。已验证合格的程序必须对其进行记录，形成规范性的工艺文件，内容包括数控加工工艺卡、数控加工刀具卡、数控加工程序单等。

（2）数控编程的步骤

手工编程的一般步骤如图 2-1 所示。

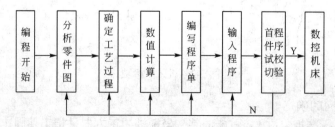

图 2-1 数控编程步骤

2.2 数控机床的坐标系统

2.2.1 机床坐标轴及运动方向

我国的 JB3051—82《数字控制机床坐标轴和运动方向的命名》标准，统一规定了数控机床坐标系的代码及其运动方向。

（1）标准坐标系

为了确定刀具与工件的相对运动，即确定机床的运动方向和移动距离，就要在机床上建立一个坐标系，该坐标系称为机床坐标系，也叫标准坐标系。

① 基本原则——刀具相对于静止的工件运动的原则。

编程时，当运动件未确定时，数控机床都先假定刀具运动而工件静止，编程人员无需考虑数控机床的实际运动形式。

② 机床坐标系的规定。

标准规定：机床标准坐标系采用右手直角笛卡尔坐标系。机床每一个直线运动或圆周运动都定义一个坐标轴。直线运动用直角坐标系 X、Y、Z 表示，常称为基本坐标系。X、Y、Z 的关系用右手定则确定，如图 2-2 所示。右手的大拇指、食指和中指保持相互垂直，大拇指的指向为 X 轴的正方向，食指的指向为 Y 轴的正方向，中指的指向为 Z 轴的正方向，X、Y、Z 坐标轴与机床的主要导轨平行。

围绕 X、Y、Z 旋转的圆周进给坐标轴分别用 A、B、C 表示。其正方向根据右手螺旋定则确定，大拇指指向+X、+Y、+Z 方向，其余四指则分别指向+A、+B、+C 轴的旋转方向。

上述坐标轴正方向，均是假定工件不动，刀具相对于工件作进给运动而确定的方向，即刀具运动坐标系。但在实际机床加工时，有很多都是刀具相对不动，而工件相对于刀具移动实现进给运动的情况。此时，应在各轴字母后加上"'"表示工件运动坐标系。按相对运动关系，工件运动的正方向恰好与刀具运动的正方向相反，即有

$+X = -X'$，$+Y = -Y'$，$+Z = -Z'$，
$+A = -A'$，$+B = -B'$，$+C = -C'$

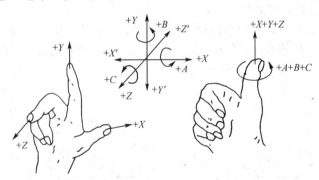

图 2-2 机床坐标轴

（2）运动方向的确定

JB3051—82 标准规定：数控机床的某一坐标轴的正方向是指工件固定，刀具远离工件的运动方向为该坐标轴的正方向。

2.2.2 机床坐标轴的确定

(1) Z 坐标

通常把传递切削力的主轴定为 Z 轴。对于只有一根主轴的机床,规定平行于主轴轴线的坐标为 Z 坐标。对于工件旋转的机床,如车床、磨床等,工件转动的轴为 Z 轴;对于刀具旋转的机床,如镗床、铣床、钻床等,刀具转动的轴为 Z 轴。

若有多根主轴,则可选垂直于工件装夹面的主轴为主要主轴,Z 坐标则平行于该主轴轴线。如果主轴能摆动,在摆动范围内只与标准坐标系中的一个坐标轴平行时,则这个坐标轴就是 Z 坐标;若摆动范围内能与基本坐标系中的多个坐标轴平行时,则取垂直于工件装夹面的方向为 Z 坐标的方向。

若没有主轴,则规定垂直于工件装夹面的坐标轴为 Z 轴。

Z 轴正方向是工件不动,使刀具远离工件的方向。

(2) X 坐标

X 轴是水平方向的,它垂直于 Z 轴并平行于工件的装夹面。

对于工件旋转的机床,如车床、外圆磨床上,X 轴的坐标方向在工件径向,与横向导轨平行,X 轴正方向是工件不动,使刀具远离工件旋转轴线的方向。

数控车床刀架布置有两种形式,如图 2-3 所示。

① 前置刀架。前置刀架位于 Z 轴的前面,与传统卧式车床刀架的布置形式一样,刀架导轨为水平导轨,使用四工位电动刀架。

② 后置刀架。后置刀架位于 Z 轴的后面,刀架的导轨位置与正平面倾斜,这样的结构形式便于观察刀具的切削过程,切屑容易排除,后置空间大,可以设计更多工位的刀架,一般多功能的数控车床都设计为后置刀架。

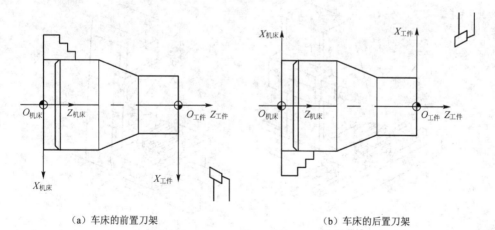

(a) 车床的前置刀架　　　　　　　　(b) 车床的后置刀架

图 2-3　车床的刀架布置

对于刀具旋转的机床则规定:若 Z 轴为水平的,如卧式铣床、镗床,则沿刀具主轴后端向工件方向看,向右的方向为 X 轴正向;若 Z 轴为垂直的,如立式铣床、镗床、钻床,则从刀具主轴向机床身立柱方向看,向右的方向为 X 轴正向。

对于工件和刀具均不能旋转的机床,如刨床,X 轴平行于主要的进给方向,并以该方向为 X 轴的正方向。

(3) Y 坐标

在确定了 X、Z 轴的正方向后,即可按右手定则确定 Y 轴正方向。常用卧式车床、立式铣床的坐标系如图 2-4、图 2-5 所示。

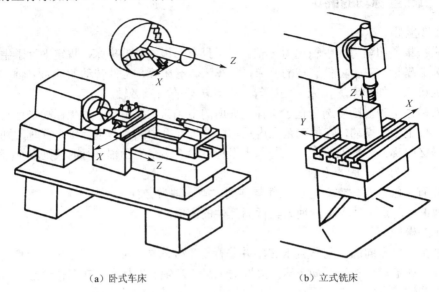

(a) 卧式车床　　　　　　　　(b) 立式铣床

图 2-4　数控机床坐标系示例

(4) 附加坐标系

标准坐标系 X、Y、Z 称为主坐标系或第一坐标系，除标准坐标 X、Y、Z 坐标外，另外有平行于 X、Y、Z 的坐标系称为附加坐标系，附加的第二坐标系命名为 U、V、W，附加的第三坐标系命名为 P、Q、R。如图 2-5 所示。

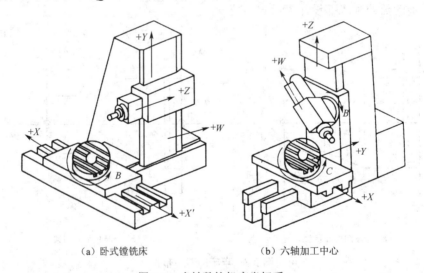

(a) 卧式镗铣床　　　　　　　　(b) 六轴加工中心

图 2-5　多轴数控机床坐标系

2.2.3　机床坐标系、工件坐标系

(1) 机床坐标系、机床零点

机床坐标系是机床固有的坐标系，其原点称为机床原点或机床零点、机械原点。机床原点在机床设计、制造、调整后，被确定下来，是生产厂家固定的点，不能随意改变。

有的机床零点设在卡盘左端法兰盘的中心，如图 2-6、图 2-8 所示。FANUC 0i 系统的机床零点不设在中心，设在卡盘左端法兰盘的一侧，远离刀架的方向，如图 2-9 所示。

（2）工件坐标系、工件原点

工件坐标系是编程人员在编程时设定的坐标系，也称为编程坐标。通常编程人员选择工件上的某一已知点为原点建立一个新的坐标系，称为工件坐标系。该坐标系的原点称为工件原点、编程原点或程序原点。工件坐标系一旦建立便一直有效，直到被新的工件坐标系取代。数控车床加工零件时，工件原点一般设置在工件右端面的中心，如图 2-6（a）所示。数控铣床上加工工件时，工件原点一般设在进刀方向一侧工件外轮廓表面的某个角上或对称中心上，如图 2-6（b）所示。

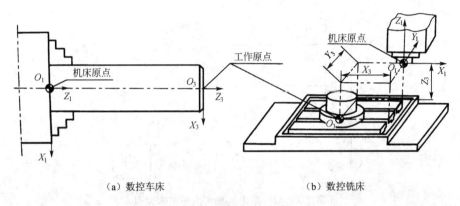

(a) 数控车床　　　　　　　　　　　　(b) 数控铣床

图 2-6　工件原点设置

（3）机床坐标系、工件坐标系、机床参考点的关系

在加工中，工件随夹具在机床上安装后，要测量工件原点与机床原点之间的坐标距离，这个距离称为工件原点偏置。把工件原点偏置值手动输入工件坐标系，加工时，工件原点偏置值便能自动加到工件坐标系上，使数控系统可按机床坐标系确定加工时的坐标值。一般说来，工件坐标系的坐标轴与机床坐标系相应的坐标轴平行，方向相同，原点位置不同。机床坐标系、工件坐标系的关系如图 2-7 所示。

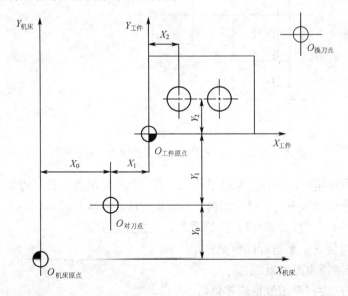

图 2-7　机床坐标系、工件坐标系的关系

为了正确地在机床工作时建立机床坐标系，通常在每个坐标轴的移动范围内设置一个机床参考点（测量起点），机床启动时，通常要进行机动或手动回参考点，目的是建立机床坐标系。机床参考点可以与机床零点重合，也可以不重合，通过机床参数指定参考点到机床零点的距离。

一般数控车床的机床原点、工件原点、机床参考点的位置关系如图 2-8 所示。图 2-9 所示为 FANUC 0i 系统数控车床的参考点、机床原点与工件原点的位置关系。数控铣床的参考点通常设在机床原点。

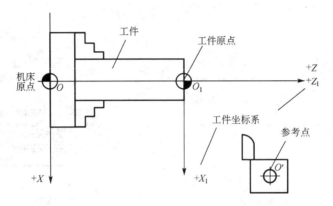

图 2-8　数控车床的参考点与机床原点

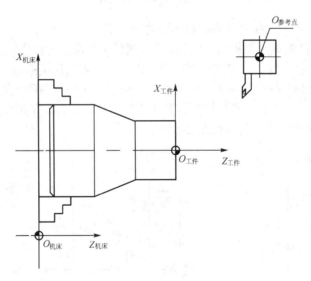

图 2-9　FANUC 0i 系统数控车床的参考点与机床原点

数控机床在通电后，不论刀架位于什么位置，此时显示器上显示的 X、Y、Z 坐标值并不是刀架在机床坐标系中的正确坐标值，只有当完成回零操作后，则马上显示刀架中心在机床坐标系中的坐标值，此时机床坐标系才真正建立起来。

通常在下列情况下要进行回零操作：
① 在机床接通电源以后；
② 当机床产生报警而复位清零以后；
③ 在机床急停以后。

但并不是所有的数控机床在碰到上述情况下都要回零，有些数控机床只需要开机回零，还有些数控机床根本不用回零。

2.2.4 刀位点、对刀点、换刀点

（1）刀位点

数控加工编程时，通常把刀具浓缩视为一点，称为"刀位点"，它是在加工中用于表现刀具位置的参照点。

一般说来，立铣刀、端铣刀的刀位点是刀具轴线与刀具底面的交点，球头铣刀的刀位点为球心；镗刀、车刀的刀位点为刀尖或刀尖圆弧中心；钻头的刀位点是钻尖或钻头底面的中心。不同刀具的刀位点如图 2-10 所示。

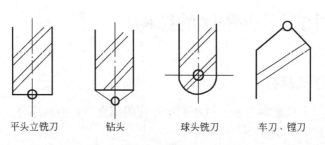

图 2-10　不同刀具的刀位点

（2）对刀点

对刀操作就是测定出在程序起刀点处刀位点相对于机床原点以及工件原点的坐标位置，即确定对刀点，或确定起刀点。对刀点是指通过对刀确定刀具与工件相对位置的基准点。对刀点往往与程序原点重合，若不重合，在设置机床零点偏置时，应当考虑两者的差值。

（3）换刀点

换刀点是为数控车、加工中心等多刀加工的机床而设置的。因这些机床可以自动换刀，为防止换刀时碰伤零件、刀具或夹具，换刀点常设置在被加工零件的轮廓之外，并留有一定的安全量。如图 2-7 所示。

2.2.5 绝对坐标编程与增量坐标编程

数控编程通常都是按照组成图形的线段或圆弧的端点的坐标来进行程序编制的。

（1）绝对坐标编程

若所有坐标点的坐标值均从某一固定的坐标原点计量，则称之为绝对坐标表达方式。若按绝对坐标值方式进行编程，则称之为绝对坐标编程。

（2）增量坐标编程

若运动轨迹的终点坐标是相对于该段轨迹的运动起点来计量，则称之为增量坐标或相对坐标表达方式。若按这种方式进行编程，则称之为增量坐标编程或相对坐标编程。

【例 2-1】　刀具从图 2-11 中的 A 点走到 B 点走到 C 点再到 D 点，方向如图中箭头方向所示。

用绝对坐标编程则：

B 点的坐标值为（50，30），C 点的坐标值为（85，70），D 点的坐标值为（0，70）。

用相对坐标编程则：

B 点的坐标值为 (0, 30)，C 点的坐标值为 (35, 40)，D 点的坐标值为 (−85, 0)。

采用绝对坐标编程时，程序指令中的坐标值随着程序原点的不同而不同；而采用相对坐标编程时，程序指令中的坐标值则与程序原点的位置没有关系。同样的加工轨迹，既可用绝对编程，也可用相对编程。同一个程序中既可用绝对坐标编程，也可用相对坐标编程，或者采用二者混合编程。

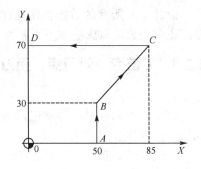

图 2-11　绝对坐标和增量坐标

2.3　数控加工零件程序的结构

2.3.1　零件程序的结构

零件程序是用来描述零件加工过程的指令代码集合，它由程序号、程序内容和程序结束指令三部分组成。示例如下：

```
O0200;                              程序号
N10 G54 G90 G00 X80 Y20 Z50 M03 S1000;   N10-N80 程序内容
N20 Z2;
N30 G01 Z–5 F100;
N40 X–80 F120;
N50 Y–20;
N60 X80;
N70 Z2;
N80 G00 Z50 M05;
N90 M30;                            程序结束指令
```

（1）程序号

FANUC 系统一般用英文字母 "O" 作为程序编号地址；华中世纪星系统、广数系统用 "%" 作为程序编号地址；SIEMENS 系统的程序名，头两位为字母，其后可由字母、数字或下划线组成。

（2）程序内容

程序内容部分是整个程序的主要组成部分，由多个程序段组成，每个程序段由一个或多个指令组成，描述了机床要完成的全部动作。

（3）程序结束指令

程序结束指令可用 M02 或 M30，一般要求单列一个程序段。

2.3.2　零件程序段格式

程序段格式是指程序段中的字、字符和数据的安排形式。目前加工程序使用字—地址可变程序段格式，每个程序段由程序段号、功能字、坐标字和程序段结束符组成。每个字的字首是一个英文字母，称为字地址码，其后跟有符号和数字。代码字的排列顺序没有严格的要求，每个字长不固定，各个程序段的长度和功能字的个数可变。不需要的辅助功能代码字以及与上一个程序段相同的续效字可以不写。其格式如下：

```
N___ G___ X___Y___Z___ F___ S___ T___ M___ LF
段    准   坐          进   主   刀   辅   回
号    备   标          给   轴   具   助   车
      功   值          速   转   功   功
      能              度   速   能   能
                      功   功
                      能   能
```

（1）段号

程序段号位于程序段之首，由顺序号字 N 和后续数字组成。后续数字一般为 1～4 位的正整数。数控加工中的顺序号实际上是程序段的名称，与程序执行的先后次序无关。数控系统不是按程序段号的顺序来执行程序，而是按程序段编写时的排列顺序逐段执行程序的。

（2）数控编程的代码标准

我国原机械工业部制定了有关的 G 指令和 M 指令的 JB3208—83 标准，它与国际上使用的 ISO1056—1975E 标准基本一致。

① 准备功能 G 指令。

准备功能即 G 功能，是为机床建立某种加工运动方式的指令，如插补、刀具补偿、机床坐标平面选择、固定循环等多种加工操作。G 代码分为模态代码和非模态代码。模态代码又称为续效代码，表示该代码一经在一个程序段中指定一直有效，直到出现同组的另一个代码时才失效；非模态代码又称为非续效代码，只在写有该代码的程序段中才有效。国标中规定 G 代码由字母 G 及其后面的两位数字组成，从 G00～G99 共 100 种代码，具体见表 2-1 所示。

表 2-1 准备功能 G 代码

代码	功能保持到被取消或被同样字母表示的程序指令所代替	功能仅在所出现的程序段内有作用	功能	代码	功能保持到被取消或被同样字母表示的程序指令所代替	功能仅在所出现的程序段内有作用	功能
(1)	(2)	(3)	(4)	(1)	(2)	(3)	(4)
G00	a		点定位	G19	c		YZ 平面选择
G01	a		直线插补	G20~G32	#	#	不指定
G02	a		顺时针方向圆弧插补	G33	a		螺纹切削，等螺距
G03	a		逆时针方向圆弧插补	G34	a		螺纹切削，增螺距
G04		*	暂停	G35	a		螺纹切削，减螺距
G05	#	#	不指定	G36~G39	#	#	永不指定
G06	a		抛物线插补	G40	d		刀具补偿/刀具偏置注销
G07	#	#	不指定	G41	d		刀具补偿-左
G08		*	加速	G42	d		刀具补偿-右
G09		*	减速	G43	#（d）	#	刀具偏置-正
G10~G16	#	#	不指定	G44	#（d）	#	刀具偏置-负
G17	c		XY 平面选择	G45	#（d）	#	刀具偏置+/+
G18	c		ZX 平面选择	G46	#（d）	#	刀具偏置+/-

续表

代码 (1)	功能保持到被取消或被同样字母表示的程序指令所代替 (2)	功能仅在所出现的程序段内有作用 (3)	功 能 (4)	代码 (1)	功能保持到被取消或被同样字母表示的程序指令所代替 (2)	功能仅在所出现的程序段内有作用 (3)	功 能 (4)
G47	#（d）	#	刀具偏置-/-	G63		*	攻丝
G48	#（d）	#	刀具偏-/+	G64~G67	#	#	不指定
G49	#（d）	#	刀具偏置 0/+	G68	#（d）	#	刀具偏置，内角
G50	#（d）	#	刀具偏置 0/-	G69	#（d）	#	刀具偏置，外角
G51	#（d）	#	刀具偏置+/0	G70~G79	#	#	不指定
G52	#（d）	#	刀具偏置-/0	G80	e		固定循环注销
G53	f		直线偏移，注销	G81~G89	e		固定循环
G54	f		直线偏移 X	G90	j		绝对尺寸
G55	f		直线偏移 Y	G91	j		增量尺寸
G56	f		直线偏移 Z	G92		*	预置寄存
G57	f		直线偏移 X、Y	G93	k		时间倒数，进给率
G58	f		直线偏移 X、Z	G94	k		每分钟进给
G59	f		直线偏移 Y、Z	G95	k		主轴每转进给
G60	h		准确定位 1（精）	G96	I		恒线速度
G61	h		准确定位 2（粗）	G97	I		每分钟转数（主轴）
G62	h		快速定位（粗）	G98~G99	#	#	不指定

注：1. # 号：如选作特殊用途，必须在程序说明中说明。

2. 如在直线切削控制中没有刀具补偿，则 G43 到 G52 可指定作其他用途。

3. 在表中（2）栏括号中的字母（d）表示：可以被同栏中没有括号的字母 d 所注销或代替，亦可被有括号的字母（d）所注销或代替。

4. 控制机上没有 G53~G59、G63 功能时，可以指定作其他用途。

表 2-1 第 2 栏中，标有英文小写字母的表示第 1 栏中对应的 G 代码为模态代码，字母相同的为一组。在某一程序段中一经应用某一模态 G 代码，如果后续程序段中有相同的操作，在没有出现同组的 G 代码时，则后续的程序段可以不指定和书写这一 G 代码。且同组的任意两个 G 代码不能同时出现在同一个程序段中。

表 2-1 中第 4 栏功能说明中的"不指定"代码用作将来修订标准时指定新功能用。"永不指定"代码，说明即使将来修订标准时，也不指定新的功能。但这两类代码均可由数控系统设计者根据需要自行定义表中所列功能以外的新功能，但必须在机床使用说明书中予以说明，以便用户根据说明书编程操作。

② 辅助功能 M 指令。

辅助功能 M 又称为 M 功能或 M 指令，用于指定主轴的正反转、停止，冷却液的开关，刀具的更换等各种辅助动作及其状态。M 指令也分为模态代码和非模态代码，这类代码与插补运算无关。

M 指令由字母 M 和其后面的两位数字组成，也有 M00~M99 共 100 种代码。这些代码中同样也有些因机床系统而异的代码，也有相当一部分代码是不指定的。常用的 M 代码见表 2-2。

表 2-2 辅助功能 M 代码

代码 (1)	功能开始时间 与程序段指令运动同时开始 (2)	功能开始时间 在程序段指令运动完成后开始 (3)	功能保持到被注销或被适当程序指令代替 (4)	功能仅在所出现的程序段内有作用 (5)	功能 (6)	代码 (1)	功能开始时间 与程序段指令运动同时开始 (2)	功能开始时间 在程序段指令运动完成后开始 (3)	功能保持到被注销或被适当程序指令代替 (4)	功能仅在所出现的程序段内有作用 (5)	功能 (6)
M00		*		*	程序停止	M36	*		#		进给范围1
M01		*		*	计划停止	M37	*		#		进给范围2
M02		*		*	程序结束	M38	*		#		主轴速度范围1
M03	*		*		主轴顺时针方向	M39	*		#		主轴速度范围2
M04	*		*		主轴逆时针方向	M40~M45	#	#	#	#	如有需要作为齿轮换档,此外不指定
M05		*	*		主轴停止	M46~M47	#	#	#	#	不指定
M06	#	#		*	换刀	M48		*	*		注销M49
M07	*		*		2号冷却液开	M49	*		*		进给率修正旁路
M08	*		*		1号冷却液开	M50	*		#		3号冷却液开
M09		*	*		冷却液关	M51	*		#		4号冷却液开
M10	#	#	*		夹紧	M52~M54	#	#	#	#	不指定
M11	#	#	*		松开	M55	*		#		刀具直线位移,位置1
M12	#	#	#	#	不指定	M56	*		#		刀具直线位移,位置2
M13	*		*		主轴顺时针方向,冷却液开	M57~M59	#	#	#	#	不指定
M14	*		*		主轴逆时针方向,冷却液开	M60		*		*	更换工件
M15	*			*	正运动	M61	*		*		工件直线位移,位置1
M16	*			*	负运动	M62	*		*		工件直线位移,位置2
M17~M18	#	#	#	#	不指定	M63~M70	#	#	#	#	不指定
M19		*	*		主轴定向停止	M71	*		*		工件角度位移,位置1
M20~M29	#	#	#	#	永不指定	M72	*		*		工件角度位移,位置2
M30		*		*	纸带结束	M73~M89	#	#	#	#	不指定
M31	#	#		*	互锁旁路	M90~M99	#	#	#	#	永不指定
M32~M35	#	#	#	#	不指定						

注:1. #号表示:如选作特殊用途,必须在程序说明中说明。

2. M00~M99 可指定为特殊用途。

(3) 坐标值

坐标值用于确定机床上刀具运动终点的坐标位置。多数数控系统可以用准备功能字来选择坐标值的单位，如 FANUC 诸系统可用 G20/G21 来选择英制单位或米制单位，采用米制时，一般单位为 mm，如 X100 指令表示 X 的坐标值为 100 mm。当然，一些数控系统可通过系统参数来选择不同的坐标值单位。

(4) F、S、T 功能

① 进给速度功能 F。

进给速度功能 F 又称为 F 功能或 F 指令，该代码为模态代码，用于指定切削的进给速度，单位一般为 mm/min。当进给速度与主轴转速有关时，如车螺纹、攻螺纹等，单位为 mm/r。其数值的表示常有两种方法。

a. 编码法：即地址符 F 后跟数字代码，数字代码不直接表示进给速度的大小，而是机床进给速度数列的序号（编码号），具体进给速度需查表确定。

b. 直接指定法：F 后跟的数字就是进给速度的大小。如 F120 表示进给速度是 120 mm/min。这种方法较为直观，现代数控机床大都采用这种方法。

实际进给速度 F 还可以根据需要由机床操作面板上的进给倍率开关作适当调整，即进给速度修调，其倍率一般为 0~120%。实际的进给速度是按照修调后的倍率来进行计算的。如程序中指令为 F120，修调倍率调在 50%档上，则实际进给速度为 120×50%=60 mm/min。

② 主轴转速功能 S。

主轴转速功能 S 又称为 S 功能或 S 指令，该代码为模态代码，用于指定主轴转速，单位为 r/min。对于具有恒线速度功能的数控车床，程序中的 S 指令可用来指定车削加工的线速度，单位为 m/min。

线速度和转速之间的关系式为：$v=\pi Dn/1000$。D 为切削部位的直径，单位为 mm；n 为主轴转速，单位为 r/min；v 切削线速度，单位为 m/min。

主轴转速数值也有编码法和直接指定法两种表示方法。S 一般采用直接指定法，如 S800 表示主轴转速为 800r/min。有些数控机床的主轴转速也可以根据需要由机床操作面板上的主轴倍率开关进行调整，如主轴转速修调。

③ 刀具功能 T。

刀具功能 T 又称为 T 功能或 T 指令。在具有自动换刀功能的数控机床上，该指令用来选择所需要的刀具号和刀补号。

T 指令为刀具指令，在加工中心中，该指令用于自动换刀时选择所需的刀具。对于数控车床 T 后常跟四位数，前两位为刀具号，后两位为刀具补偿号。如 T0203 中的 T 表示刀具，02 表示刀具号，03 表示刀补号，即表示 02 号刀具的补偿参数在刀具补正表中的番号 03 中。在数控铣镗床及加工中心中，T 后常跟两位数，用于表示刀具号，刀补号则用 H 代码或 D 代码表示。

2.4 数控编程的数值计算

数控编程首先是按照工艺路线和允许的编程误差，确定刀具运动的轨迹，计算轨迹的相关点的坐标，即刀位点的坐标。根据刀位点的坐标编写成加工程序单，再控制数控机床的相对运动，加工出合格的零件。数值计算包括基点坐标、节点坐标的计算及辅助计算。

2.4.1 基点坐标的计算

零件的轮廓是由许多不同的几何要素所组成的，如直线、圆弧、二次曲线等，构成零件轮廓的各相邻几何要素之间的交点或切点称为基点。一般基点坐标的计算可根据图纸尺寸，利用数学中的函数、公式即可求出。

【例 2-2】 如图 2-12 所示零件，要求铣削高为 5mm 的正六边形。取正六边形的上表面中心作为坐标零点，建立工件坐标系。要进行数控编程加工，必须计算出 A、B…F 各点的坐标值，即计算出基点的坐标值。计算过程如下。

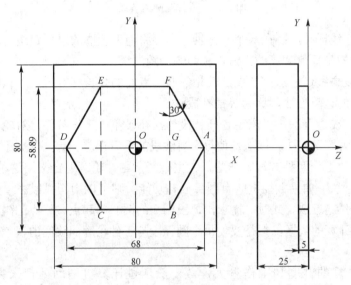

图 2-12 零件轮廓的基点

由图：点 A、D 的坐标值可直接求出。X_A=34，Y_A=0；X_D=−34，Y_D=0。

由于正六边形关于 X、Y 轴对称，只需求出其余任意一点的坐标，即可求出其余各点的坐标。

正六边各顶角为 120°，作如图所示的辅助线 FB。

△AFG 中，∠AFG=30°，FG=29.445，AG=FG×tan30°=29.445×tan30°=16；
X_F=OA−AG=34−16=18

可知各点坐标为 A（34，0），B（18，−29.445），C（−18，−29.445），D（−34，0），E（−18，29.445），F（18，29.445）。

2.4.2 节点坐标的计算

（1）节点的定义

数控系统一般只能作直线插补和圆弧插补的切削运动。如果工件轮廓是非圆曲线（如渐开线、双曲线、列表曲线等），数控系统就无法直接实现插补，而只能用多个直线段或圆弧段去逼近近似代替非圆曲线，这个过程称为拟合处理。拟合线段与被加工曲线的交点或切点称为节点。图 2-13 中所示的曲线用直线逼近时，其交点 A、B、C、D、E、F 等均为直线逼近非圆曲线时的节点。

（2）节点坐标的计算

常用的逼近计算方法如下。

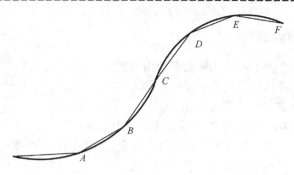

图 2-13　零件轮廓的节点

① 等间距直线插补法：在一个坐标轴方向，将逼近轮廓的总增量进行等分后，按其设定节点所进行的坐标值计算的方法，称为等间距法。

② 等插补段直线逼近法：当设定其相邻两节点间的弦长相等时，对该轮廓曲线所进行的节点坐标值的计算方法，称为等插补段法。

③ 等误差直线逼近法：以满足各插补段的插补误差相等为条件，对轮廓曲线所进行的拟合方法，称为等误差法。该法是使每个直线段的逼近误差相等，并小于或等于所允许的误差限，所以比上面两种方法合理些，大型、复杂零件轮廓适合采用这种方法。

④ 圆弧逼近法：如果数控机床有圆弧插补功能，则可以用圆弧段去逼近工件的轮廓曲线，这就是圆弧逼近法。此时，需求出每段圆弧的圆心、起点、终点的坐标值及圆弧的半径等。当然，计算的依据仍然是要使每个圆弧段与工件轮廓曲线间的误差小于或等于允许的逼近误差。

由于节点计算的难度和工作量大，故一般通过计算机辅助处理来完成，可应用 CAD/CAM 软件进行自动编程。节点数目的多少由零件加工精度要求确定。计算的依据是要使每个圆弧段与工件轮廓曲线间的误差小于或等于允许的逼近误差。零件的加工精度高，节点数目越多，由直线逼近曲线产生的误差 δ 越小，程序的长度则越长。曲线的逼近如图 2-14 所示。

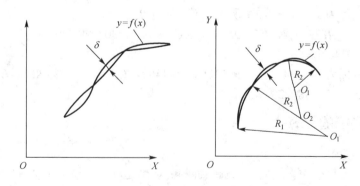

图 2-14　曲线的逼近

2.4.3　数控编程的辅助计算

编程人员编程前，通过对图样进行工艺分析，确定工艺过程，建立工件坐标系后，计算出基点或节点的坐标后，还需要进行某些辅助计算。

（1）无刀具半径补偿功能的计算

在平面轮廓铣削加工和孔的加工中，是用刀具中心作为刀位点进行编程；在车削加工中，是用车刀的假想刀尖点作为刀位点，也可用刀尖圆弧半径的圆心作为刀位点进行编程。但在加工内外轮廓中，零件的轮廓形状总是由刀具切削刃部分直接参与切削形成的，因此有时编程轨迹和零件轮廓并不完全重合。对于具有刀具半径补偿功能的机床，计算出零件轮廓上的基点或节点坐标，只要在程序中加入有关的刀具补偿指令，并把刀具的半径补偿值输入刀具偏置表，就会在加工中进行自动偏置补偿。但对于没有刀具半径补偿功能的机床，只能在编程时作有关的补偿计算，即计算出刀具中心的轨迹。

（2）增量坐标值的计算

在数值计算过程中，通常先在零件图样上设定编程坐标原点，然后按绝对坐标值计算出运动段的起点坐标及终点坐标。但在编程过程中，坐标尺寸不一定全部按绝对坐标值给出，也可以以增量方式表示，这时就要进行数值换算。如图 2-11 中刀具从 $A{\rightarrow}B{\rightarrow}C{\rightarrow}D$，若采用增量编程，则必须计算出各点的坐标增量为：

B 相对于 A（0，30），C 相对于 B（35，40），D 相对于 C（–85，0）。

（3）按进给路线进行一些辅助计算

在平面轮廓加工中，常要求刀具切向切入和切向切出。例如铣削图 2-15 所示的零件的外轮廓时，为避免刀具的切削痕迹，常要求从边界外进刀和退刀。如使用刀具半径补偿，则除了需计算 $A\sim E$ 点的坐标外，还需计算出 M、N 点的坐标，F 点的坐标则可不计算。

铣削内圆弧时，最好安排从圆弧过渡到圆弧的加工路线，以便提高内孔表面的加工精度，这时过渡圆弧的坐标值也要进行计算。例如图 2-16 所示，除了需计算 B 点的坐标外，还需计算出切入点 A、切出点 C 点的坐标，确定切入、切出圆弧的圆弧半径。所以，数值计算时，还应按进给路线的安排，计算出各相关点的坐标。

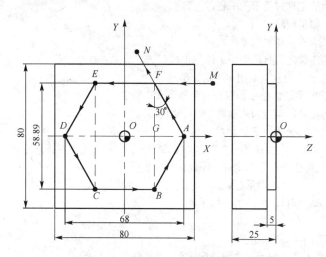

图 2-15 零件外轮廓的铣削路线

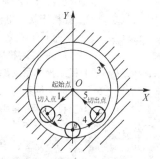

图 2-16 零件内圆弧的铣削路线

【本章小结】

本章主要讲述了数控编程的方法、内容及步骤，数控机床的坐标系统，数控加工零件程序的结构，简单介绍了数控编程的数值计算等数控编程的基础知识。

思考与练习题

一、填空题

1. 数控编程就是将加工零件的（　　）按一定格式编写成加工程序。
2. 数控编程的常用方法可分成（　　）和（　　）。
3. 手工编程时，整个程序的编制过程是由（　　）。
4. 自动编程适合于（　　）的零件编程。
5. （　　）的坐标表示工件固定、刀具运动的坐标。（　　）的坐标表示刀具固定、工件运动的坐标。
6. 国际标准规定：当运动件未确定时使用坐标系，都先假定（　　）。
7. 数控机床的标准坐标系是一个（　　）坐标系。
8. 机床的每一个（　　）都定义一个坐标轴。
9. 在基本坐标系中，大拇指的指向为（　　）。中指的指向为（　　）。
10. 国际标准规定：数控机床的某一坐标轴的正方向是指（　　）运动方向。
11. 在基本坐标系中，规定（　　）坐标为 Z 坐标。
12. 在工件旋转的机床上（如车床、磨床等），X 轴的正方向是在（　　）。
13. 在确定了 X、Z 轴的正方向后，可按（　　）法则来确定 Y 轴的正方向。
14. 机床坐标系的原点也称为（　　）。
15. 机床参考点可以与（　　）重合，也可以不重合。
16. 工件坐标系是选择（　　），建立在工件上的坐标系。
17. 对刀点可与（　　）重合，也可在任何便于对刀之处。
18. 如果运动轨迹的终点坐标是相对于该段轨迹的运动起点来计算的坐标，称为（　　）。
19. 如果运动轨迹的终点坐标是从某一坐标系的坐标原点计算的坐标，称为（　　）。
20. 模态代码一经在一个程序段中指定，便保持有效到后续的程序段中出现（　　）才失效。

二、判断题

1. （　　）对于几何形状不太复杂的零件宜用手工编程。
2. （　　）对于不同的数控机床，加工程序相同。
3. （　　）各国厂家生产的数控机床的编程规则完全相同。
4. （　　）当运动件未确定时，都先假定刀具运动而工件静止。
5. （　　）基本坐标系中 X、Y、Z 轴的相互关系用右手定则确定。
6. （　　）围绕 X、Y、Z 轴旋转的圆周进给坐标轴根据右手螺旋法则确定。
7. （　　）数控机床某一坐标轴的正方向是指刀具远离工件的运动方向。
8. （　　）规定平行于机床主轴轴线的坐标为 Z 坐标。
9. （　　）在刀具旋转的机床上（如铣床、镗床等），若 Z 轴是水平的，X 轴的正方向指向右边。
10. （　　）机床坐标系的原点由机床生产厂家确定并且不能由用户更改。
11. （　　）机床坐标系的原点是运动部件的测量起点。
12. （　　）工件坐标系是编程人员在编程时使用的坐标系。
13. （　　）加工一个工件，只能用一个工件坐标系。
14. （　　）对刀点是零件程序加工的起始点。
15. （　　）基点是一个零件的轮廓上各几何元素之间的连接点。
16. （　　）逼近线段与被加工曲线的交点称为节点。

三、简答题

1. 什么是数控编程？
2. 数控编程的方法有哪几种？各有什么特点？
3. 简述数控编程的内容和步骤。

4．简述数控车床的机床坐标系。
5．简述立式数控铣床的机床坐标系。
6．什么是机床零点？什么是机床参考点？并简述其关系。
7．什么是工件坐标系？什么是对刀点和换刀点？
8．简述工件坐标系与机床坐标系的关系。
9．数控加工零件的程序结构由哪几部分组成？
10．什么是基点？什么是节点？

四、数值计算题

选择合适的工件原点，建立工件坐标系，计算出如图 2-17 所示五边形零件的各基点的坐标值。

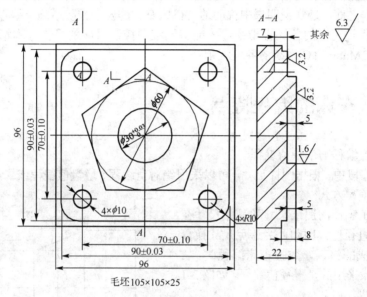

图 2-17 数值计算题图

第 3 章　数控车削零件的程序编制

各数控系统的编程原理基本相同，但不同系统的数控车床的编程指令及指令格式不完全相同。操作者在操作和编程之前，一定要仔细阅读机床生产厂商提供的操作说明书和编程说明书。操作之前，遵守说明书中说明的与机床有关的安全预防措施；编程之前，熟悉厂商提供的编程说明书的各编程指令，才能编制程序控制机床的操作。本章主要讨论了 FANUC Seris 0i Mate—TC 系统的各编程指令。

3.1　数控车床的编程特点

（1）绝对值编程与增量值编程

在一个程序段中，根据图样尺寸，可以采用绝对值编程、增量值编程或二者混合编程。

（2）直径编程方式

由于被加工零件的图纸尺寸和测量尺寸在 X 轴方向采用直径值。因此，为避免尺寸换算过程中可能造成的错误，数控车床编程时，X 的坐标尺寸一般采用的是直径值编程。如图 3-1 所示的坐标标注。

（3）循环功能

数控车床上的工件毛坯多为圆棒料或铸锻件，加工余量较大。数控装置常具备不同形式的固定循环和复合循环功能，可进行多次重复循环，减少计算的工作量，简化编程。

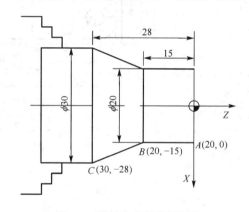

图 3-1　数控车床的坐标标注

（4）刀具补偿功能

在数控车床的控制系统中一般都具有刀具补偿功能，编程者只需将刀具的位置变化，刀具的几何形状变化及刀尖圆弧半径等尺寸输入到存储器，按照工件的实际轮廓编制程序，刀具便能自动进行补偿，为编程提供了方便。

3.2　数控车床编程的基本指令

3.2.1　单位设定 G 指令

（1）尺寸单位选择 G20、G21

指令格式：
　　　　G20
　　　　G21

G20：编程使用的单位为英制单位，单位为 in（英寸），1in≈0.0254m。

G21：编程使用的单位为米制单位，单位为 mm。系统默认的单位为 G21。这两个 G 代码必须在程序的开头坐标系设定之前用单独的程序段指令，不能在程序的中途切换。若为米制，则可省略。

（2）进给速度单位设定 G98、G99

指令格式：

    G98 F__；
    G99 F__；

G98：每分钟进给速度，单位为 mm/min，其实际进给速度可由机床操作面板上的倍率按钮修调。如 G98 F120 表示进给速度为 120mm/min。

G99：每转进给速度，单位为 mm/r（in/r）。使用 G99 时，主轴必须安装位置编码器。通常 FANUC 0i 系统默认的方式为 G99，如 G99 F0.15 表示进给速度为 0.15mm/r。

（3）主轴转速功能 G96、G97

指令格式：

    G96 S__；
    G97 S__；

G96：恒表面切削速度控制，单位为 m/min。如 G96 S120 表示表面切削速度为 120m/min。

G97：恒表面切削速度控制取消，单位为 r/min。通常 FANUC 0i 系统默认的方式为 G97，如 G97 S1200 表示转速为 1200 r/min。

在具有恒线速功能的机床上，为避免加工时转速过高，S 功能还表示最高转速限制。

指令格式：

    G50 S__；

S 后面的数字表示的是最高转速，单位为 r/min。如 G50 S2000 表示最高转速限制为 2000 r/min。

3.2.2 辅助功能 M 指令

辅助功能 M 主要用于控制机床的辅助动作及其状态，FANUC 系统数控车床常用的 M 代码见表 3-1。

表 3-1 辅助功能 M 代码

代 码	功 能
M00	程序暂停，可用 NC 启动命令（CYCLE START）使程序继续运行
M01	计划暂停，与 M00 作用相似，但 M01 可以用机床"任选停止按钮"选择是否有效
M02	程序停止
M03	主轴顺时针旋转
M04	主轴逆时针旋转
M05	主轴旋转停止
M06	换刀
M07	2 号冷却液开
M08	1 号冷却液开
M09	冷却液关
M30	程序停止并返回开始处

注：有的系统开冷却液的指令只用 M08，不使用 M07。

3.2.3 坐标系设定 G 指令

（1）设定工件坐标系 G50

指令格式：

　　　　G50　X__　Z__；

指令中 X、Z 后面的坐标值为对刀点相对于工件坐标系原点的有向距离，即对刀点在工件坐标系中的坐标值。使用 G50 指令，先要在工件上选定工件坐标系的零点，还要在工件外选一个点作为刀具加工之前快速靠近工件的点，该点又称为对刀点。

执行 G50 指令不会产生机械位移，手动移动刀具使刀具上的基准点（如刀尖）位于 G50 后面指定的工件坐标位置。若刀具当前点不在规定的对刀点上，则加工原点与对刀点不重合，加工出的产品就有误差或报废，甚至出现危险。

图 3-2 所示设置工件坐标系为 G50 X80 Z15。

G50 指令程序段一般放在一个零件程序的首段，并保证刀具必须精确移动到工件坐标系中的对刀点 X80 Z15 上。

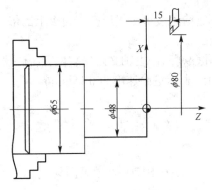

图 3-2　工件坐标系设定 G50

（2）工作坐标系选择 G54～G59

指令格式：

　　　　G54
　　　　G55
　　　　……
　　　　G59

G54～G59 为 6 个工作坐标系，如图 3-3 所示为建立 G54 工件坐标系。

选定工件坐标系的原点后，通过对刀找到工件坐标系的原点在机床坐标系中的坐标值，通过 MDI 手动操作方式把该坐标值输入数控系统中的 G54～G59 工作坐标系。图 3-3 建立工件坐标系 G54，对刀后把对刀的参数如（169.330，198.747），输入图 3-4 所示的工件坐标系设定界面 G54。这些坐标系存储在机床存储器中，在机床重开机时仍然存在，在程序中可以分别选取其中之一。

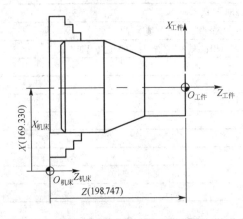

图 3-3　G54 建立工件坐标系

图 3-4　工件坐标系设定

G54~G59 这 6 个工作坐标系皆以机床原点为坐标值的计算参考点,分别以各自与机床原点的偏移量表示。设置加工坐标系的方法是一样的,但在实际情况下,机床厂家为了用户的不同需要,在使用中有以下区别:利用 G54 设置机床原点的情况下,进行回参考点操作时机床坐标值显示为 G54 的设定值,且符号均为正;利用 G55~G59 设置加工坐标系的情况下,进行回参考点操作时机床坐标值显示零值。

G54~G59 与 G50 之间的区别是:

① 用 G50 时,后面一定要跟坐标地址字;而用 G54~G59 时,则后面不需要跟坐标地址字,且可单独作一行书写。系统默认的方式为 G54,即若采用 G54 工作坐标系,则在程序首段可以省略。

② G50 指令与 G54~G59 指令都是用于设定工件加工坐标系的,但在使用中是有区别的。G54 建立的工件原点是相对于机床原点而言的,在程序运行前就已设定好而在程序运行中是无法重置的;G50 建立的工件原点是相对于程序执行过程中当前刀具刀位点的,编程时,可通过多次使用 G50 来重新建立新的工件坐标系。

(3) 机械坐标系选择指令 G53

指令格式:

G53 X__ Z__;

G53 指令使刀具快速定位到机床坐标系中的指定位置上,FANUC 数控车床中的 X、Z 后的值为相对于机床参考点中的坐标值,必须用绝对值指定,其尺寸均为负值。如果要将刀具移到机床的特定位置,如换刀位置,应该用 G53 编制在机床坐标系中的移动程序。G53 为非模态指令。

指定 G53 指令之前,应先手动或用 G28 指令回参考点。如果指定了 G53 指令,就取消了刀尖半径补偿和刀具偏置。

3.2.4 刀具定位 G 指令

(1) 快速点定位 G00

指令格式:

G00 X(U)__ Z(W)__;

G00 指令中的 X(U)、Z(W) 的值是定位终点的坐标值。X、Z 表示绝对编程时定位终点在工件坐标系中的坐标值,U、W 表示相对编程时定位终点相对于定位起点的坐标增量值。

G00 指令控制刀具以点位控制的方式快速移动到目标位置,其移动速度由机床参数分别设定,不能用 F 规定。该指令用于刀具加工前快速定位,或在切削完毕后使刀具撤离工件。

注意:刀具移动轨迹是几条线段的组合,而不是一条直线,故在各坐标方向上有可能不是同时到达终点的。例如,在 FANUC 系统中,运动总是先沿 45°角的直线移动,最后再在某一轴单向移动至目标点位置。如图 3-5 所示,刀具以 G00 由 A 点快速定位到 B 点,刀具实际的运动轨迹为 A→C→B。

图 3-5 刀具由 A 点快速定位到 B 点的指令用绝对值编程为:G00 X60 Z100;用

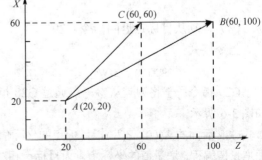

图 3-5 G00 快速点定位

增量值编程为：G00 U40 W80

(2) 自动返回参考点指令 G28

指令格式：

G28 X(U)__ Z(W)__;　　返回参考点
G30 P2 X__ Z__;　　　　返回第 2 参考点
G30 P3 X__ Z__;　　　　返回第 3 参考点
G30 P4 X__ Z__;　　　　返回第 4 参考点

其中 G28 中的 X(U)、Z(W) 为指定的中间过渡点的坐标值，可以是绝对值/增量值编程。执行 G28 指令，各轴以快速移动速度定位到中间点再回参考点，如图 3-6 所示。为安全起见，执行该指令前，应消除刀具半径补偿和刀具长度补偿。

G30 中的 X、Z 为参考点在工件坐标系中的坐标值。

G28、G30 指令仅在其规定的程序段中有效。

中间点的坐标值存储在 CNC 中，每次只在存储 G28 程序段中指令轴的坐标值，对其他轴使用以前指令过的坐标值。

在没有绝对位置检测器的系统中，只有在执行过自动返回参考点 G28 或手动回参考点后，才能使用返回第 2、3、4 参考点功能。通常当刀具自动交换（ATC）位置与第 1 参考点不同时，使用 G30 指令。

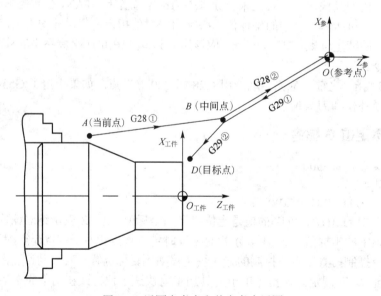

图 3-6　返回参考点和从参考点返回

(3) 自动从目标点返回指令 G29

指令格式：

　　　　G29 X(U)__ Z(W)__;

G29 指令用于将刀具从参考点通过 G28 指定的中间点快速移动到目标点，其动作过程如图 3-6 所示。

G29 后面的 X(U)、Z(W) 指目标点的坐标值。目标点的坐标值可以用绝对值编程，也可用增量值编程，增量值的坐标增量为目标点相对于中间点的坐标增量。执行 G29 指令，各轴以快速移动速度定位到中间点再到目标点。只有前面已经使用过 G28 指令，才能使用 G29。

【例 3-1】 G28、G29 综合应用。

如图 3-6 所示的当前点 A（60，–50），中间点 B（80，20），目标点 D（45，3）。试用 G28、G29 指令编制刀具 T0101 返回参考点，换 T0202 刀具，回 D 点的程序。

```
O0100;                          程序号
G54 M03 S1000;                  建立 G54 工件坐标系，主轴正转
T0101;                          换 T01 刀具
……;
G28 X80 Z20;                    通过中间点（80，20）回参考点
T0202;                          换 T02 刀具
G29 X45 Z3;                     回目标点（45，3）
……;
M02;                            程序结束
```

（4）返回参考点检查 G27

指令格式：
$$G27\ X(U)\_\_\ Z(W)\_\_;$$

G27 后的 $X(U)$、$Z(W)$ 坐标值在绝对值编程时指参考点在工件坐标系中的坐标值，增量值编程时为参考点相对于刀具当前点的坐标增量。

G27 指令刀具以快速移动速度定位。若刀具到达参考点，则参考点指示灯亮；如果不是到参考点，则报警。G27 用于检查刀具是否按程序正确地返回参考点，其作用主要是用于检查工件原点的正确性。

3.2.5 简单车削 G 指令的编程与加工

（1）直线插补指令 G01

指令格式：
$$G01\ X(U)\_\_\ Z(W)\_\_\ F\_\_;$$

指令中 $X(U)$、$Z(W)$ 坐标值为直线切削终点的坐标值。绝对编程时为切削终点在工件坐标系的坐标值，增量编程时为切削终点相对于切削起点的坐标增量。

F 为合成进给速度，G01 以刀具联动的方式，按 F 规定的合成速度，从当前位置按直线路径切削到程序段指令值所指令的终点。如果不指定进给速度，就认为进给速度为零，刀具不移动。

G01 是模态指令，可由同组其他指令注销。

【例 3-2】 如图 3-7 所示刀具由起点 D 点快速定位至 A 点，由 A 点直线插补到 B 点，B 点直线插补到终点 C 点，由 C 点快速退刀至 D 点。采用 G50 建立工件坐标系，对刀点 D（80，60），直线切削起点 A（20，3）。

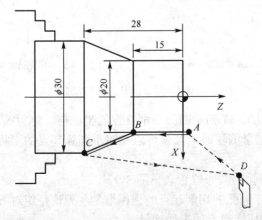

图 3-7　G01 直线插补

用绝对值编程：
O0200;   程序号
G50 X80 Z60;   设定工件坐标系 G50
M03 S1000;   主轴正转
G00 X20 Z3;   刀具快速定位到 A 点
G01 X20 Z–15 F0.15;   直线插补到 B 点
X30 Z–28;   直线插补到 C 点
G00 X80 Z60;   快速退刀到对刀点 D 点
M02;   程序结束

用相对值编程参考程序：
O0300;   程序号
G50 X80 Z60;   设定工件坐标系 G50
M03 S1000;   主轴正转
G00 X20 Z3;   刀具快速定位到 A 点
G01 U0 W–18 F0.15;   直线插补到 B 点
U10 W–13;   直线插补到 C 点
G00 X80 Z60;   快速退刀到对刀点 D 点
M02;   程序结束

（2）圆弧插补指令 G02、G03

指令格式：
    G02 (G03) X(U)__ Z(W)__ I__ K__ F__;
    或 G02 (G03) X(U)__ Z(W)__ R__ F__;

① 切削方向：G02 顺时针圆弧插补，G03 逆时针圆弧插补。切削方向的判别方法是：从与坐标平面垂直的轴的正方向往负方向看，坐标平面上的圆弧从起点到终点的移动方向是顺时针方向，编程时用 G02；坐标平面上的圆弧从起点到终点的移动方向是逆时针方向，用 G03 编程。对于刀架在不同的操作位置时的圆弧方向的判别如图 3-8 所示。

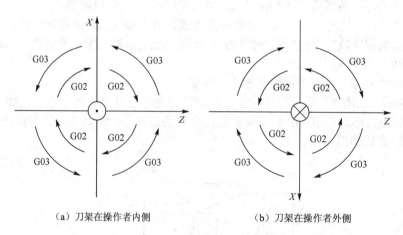

（a）刀架在操作者内侧　　　　（b）刀架在操作者外侧

图 3-8　圆弧插补方向 G02/G03

② 终点位置：X(U)、Z(W)是圆弧切削终点的坐标值。绝对编程时为圆弧终点在工件坐标系中的坐标值，增量编程时为圆弧终点相对于圆弧起点的坐标增量。

③ 圆弧的圆心

a. 用 I、K 指令圆弧的圆心位置（见图 3-9）。

I、K 指圆心相对于圆弧的切削起点的坐标增量。无论是绝对方式还是增量方式编程，I 为圆心相对于圆弧的切削起点的半径增量。

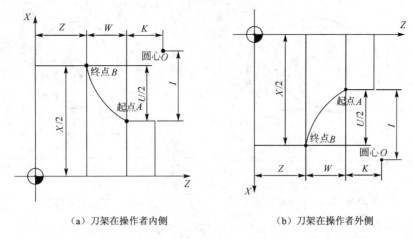

(a) 刀架在操作者内侧　　　　(b) 刀架在操作者外侧

图 3-9　G02/G03 参数说明

b. 用半径 R 指令圆弧的圆心。

如图 3-10 所示，由于过同一个起点和终点半径相等的圆弧可以有两个，即小于 180° 的圆弧和大于 180° 的圆弧。为了区分，对于小于 180° 的圆弧，R 用正表示；大于 180° 的圆弧 R 用负表示；等于 180° 的圆弧，R 可正可负。

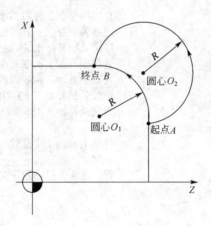

图 3-10　半径 R 指令圆弧的圆心

c. 整圆的圆心

由于整圆的起点和终点是同一个点，若用 R 表示加工的圆，则过同一个点半径等于 R 的圆有无数个，无法唯一确定整圆的位置。

如图 3-11，若加工一个半径为 R、起点和终点均为 A 点的整圆，设刀具沿逆时针方向圆弧插补。若采用 R 方式编程，则过 A 点，半径为 R 的整圆有 O_1、O_2、$O_3 \cdots O_n$，如图 3-11（a）所示，即有无数个，无法唯一确定整圆的圆心位置；若采用 I、K 的方式编程，则圆心的位置唯一确定，即整圆的位置唯一确定，如图 3-11（b）所示。

故只能用 I、K 指令整圆的圆心位置。若用 R 编程，则表示指定 0° 的圆弧，刀具不移动。

整圆的编程一般用于数控铣床和加工中心；数控车床加工的圆弧半径一般小于 180°，不需用整圆编程。

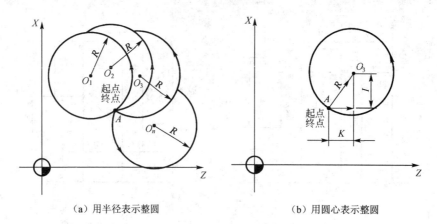

(a)用半径表示整圆　　　　　　　　(b)用圆心表示整圆

图 3-11　整圆的圆心

【例 3-3】 圆弧切削综合编程。

图 3-12 所示的零件,以工件右端面为零点建立工件坐标系,切削方向如图中箭头方向,不考虑刀补,试编制零件的精加工程序。绝对编程的参考程序为:

O0400;	程序号
M03 S1000;	启动主轴正转,转速 1000r/min
G00 X0 Z3 M08;	快速定位
G01 Z0 F0.15;	直线插补到工件右端面的中心
G03 X22.64 Z–16 K–12;	逆圆弧插补加工 $R12$ 的圆弧
G02 X32.6 Z–27 R8;	顺圆弧插补加工 $R8$ 的圆弧
G01 Z–34;	直线插补加工 $\phi32.6$ 的外圆
X50;	直线插补加工 $\phi56$ 的右端面
G03 X56 Z–37 R3;	逆圆弧插补加工 $R3$ 的圆弧
G01 Z–46;	直线插补加工 $\phi56$ 的外圆
X60 M09;	退刀
G00 X90 Z80;	快速退刀到安全位置
M05;	主轴停
M30;	程序结束并返回程序起点

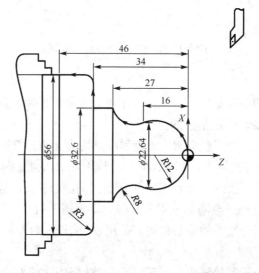

图 3-12　圆弧切削综合编程

(3) 倒角和拐角 R

在两个相交成直角的程序段之间可以插入一个倒角或拐角程序段。

① Z 轴向 X 轴倒 45°角。

指令格式：

　　　　　　G01 Z(W)___ I（C）±i;

该指令为由轴向切削向端面切削倒角，即由 Z 轴向 X 轴倒 45°角，指令中 Z(W) 为倒角前的理论交点（b 点）的坐标值，i 为倒角的边长，i 的正、负根据倒角是向 X 轴正向还是负向而定，如图 3-13 所示。有的系统不使用 C 作为轴名字，可使用 C 代替 I 指定倒角的边长。

② X 轴向 Z 轴倒 45°角。

指令格式：

　　　　　　G01 X(U)___ K（C）±k;

该指令为由端面切削向轴向切削倒角，即由 X 轴向 Z 轴倒 45°角，指令中 Z(W) 为倒角前的理论交点（b 点）的坐标值，k 为倒角的边长，k 的正、负根据倒角是向 Z 轴正向还是负向而定，如图 3-14 所示。有的系统不使用 C 作为轴名字，可使用 C 代替 K 指定倒角的边长。

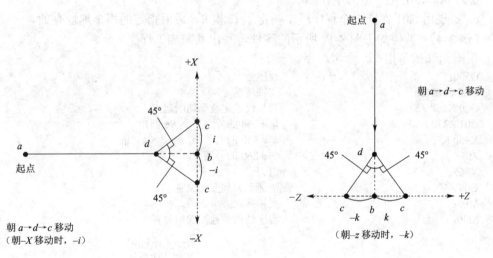

图 3-13　Z 轴向 X 轴倒 45°角　　　　图 3-14　X 轴向 Z 轴倒 45°角

③ Z 轴向 X 轴的拐角 R。

指令格式：

　　　　　　G01 Z(W)___ R±r;

该指令为由轴向切削向端面切削倒圆角，即由 Z 轴向 X 轴倒圆角，指令中 Z（W）为倒角前的理论交点（b 点）的坐标值，r 为倒圆的半径，r 的正、负根据倒圆角是向 X 轴正向还是负向而定，如图 3-15 所示。

④ X 轴向 Z 轴的拐角 R。

指令格式：

　　　　　　G01 X(U)___ R±r;

该指令为由端面切削向轴向切削倒圆角，即由 X 轴向 Z 轴倒圆角，指令中 Z（W）为倒角前的理论交点（b 点）的坐标值，r 为倒圆的半径，r 的正、负根据倒圆角是向 Z 轴正向还是负向而定，如图 3-16 所示。

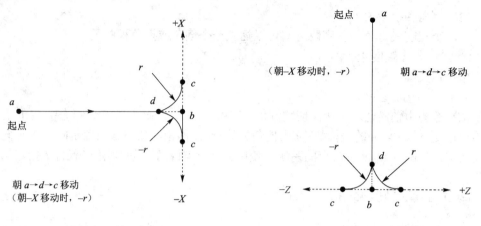

图 3-15　Z 轴向 X 轴的拐角 R　　　　图 3-16　X 轴向 Z 轴拐角 R

说明：

a. 对于倒角或拐角 R 的移动必须是以 G01 方式沿 X 轴或 Z 轴的单个移动，下一个程序段必须是沿 X 轴或 Z 轴的垂直于前一个程序段的单个移动。

b. I、K、R 的指令值为半径编程。

c. 如果用 G01 在同一个程序段中指定了 C 和 R，最后指定的那个地址有效。

【例 3-4】 数控加工图 3-17 所示的零件，写出其精加工程序。

用倒角和拐角指令，参考程序如下：

O500;	程序号
M03 S2000;	主轴转动
G00 X268 Z532;	刀具快速定位到切削起点
G01 Z270 R6 F0.2;	车 $\phi 268$ 的外圆后倒 R6 圆角
X860 K−3;	车 $\phi 860$ 的右端面后倒 $3\times 45°$ 角
Z0;	车 $\phi 860$ 的外圆
X865;	退刀
G00 Z600;	快速退刀到安全位置
M05;	主轴停止
M30;	程序结束并返回起始位置

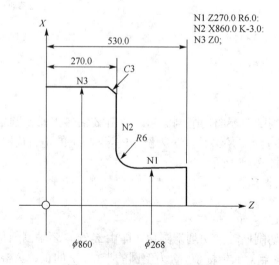

图 3-17　倒角和拐角编程实例

(4)程序暂停指令 G04

指令格式:

G04 X(U)__;

G04 P__;

如果程序段使用了暂停指令,则在该程序段的进给速度降到零时开始程序暂停操作,使刀具作短暂停留,以获得圆整而光滑的表面。暂停时间由 P 或 X 后面的数值确定。$X(U)$ 的单位为 s,允许小数点;P 的单位为 ms,不允许小数点。G04 是非模态指令。

(5)螺纹切削 G32

① 基本螺纹切削 G32。

指令格式:

G32 X(U)__ Z(W)__ F__;

指令中 G32 为简单螺纹切削,X、Z 为绝对编程时,有效螺纹切削终点在工件坐标系中的坐标值;U、W 为增量编程时,有效螺纹切削终点相对于螺纹切削起点的坐标增量。F 指定螺纹的螺距。

② 等螺距多头螺纹切削。

指令格式:

G32 X(U)__ Z(W)__ F__ Q__;

G32 X(U)__ Z(W)__ Q__;

指令中 G32 为螺纹切削,X、Z 为绝对编程时,有效螺纹切削终点在工件坐标系中的坐标值;U、W 为增量编程时,有效螺纹切削终点相对于螺纹切削起点的坐标增量。F 指定螺纹的螺距。

Q 指定主轴一转信号与螺纹切削起点的偏移角度,Q 为非模态,不指定则为 0。起始角 Q 增量是 0.001°,不能指定小数点。如:如果相位角为 180°,指定 Q180000。起始角 Q 可在 0～360000(0.001°为单位)之间指定。

③ 螺纹在数控车床上的加工。

数控车床上加工螺纹的进刀方式通常有直进法和斜进法,如图 3-18 所示。直进法,在每次往复行程后,车刀沿横向进刀,通过多次行程,把螺纹车好,此法车削时,车刀双面接触,易扎刀,故一般用于螺距或导程小于 3mm 的螺纹加工。斜进法粗车螺纹时,在每次往复行程后,除中滑板横向进给外,小滑板只向一个方向作微量进给;但精车时,必须用左右切削法才能使螺纹的两侧面都获得较小的表面粗糙度,一般用于螺距或导程大于 3mm 的螺纹加工。

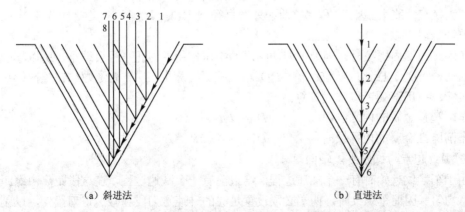

图 3-18 低速车三角形螺纹的进刀方法

切削螺纹用到以下几个主要尺寸。

a. 普通螺纹的基本牙型如图 3-19 所示，该牙型具有螺纹的基本尺寸，基本尺寸计算式如下：

螺纹大径　　$d=D$

螺纹中径　　$d_2=D_2=d-0.6495P$

牙型高度　　$h_1=0.5413P$

根据 GB 192～197-81 规定：普通螺纹的牙型理论高度 $H=0.866P$，实际加工时，由于螺纹车刀刀尖半径的影响，螺纹的实际切深有变化，螺纹车刀可在牙底最小削平高度 $H/8$ 处削平或倒圆，则螺纹实际牙型高度可按下式计算：

$$h = H - 2\left(\frac{H}{8}\right) = 0.6495P$$

式中　H——螺纹原始三角形高度，$H=0.866P$，mm；
　　　P——螺距，mm。

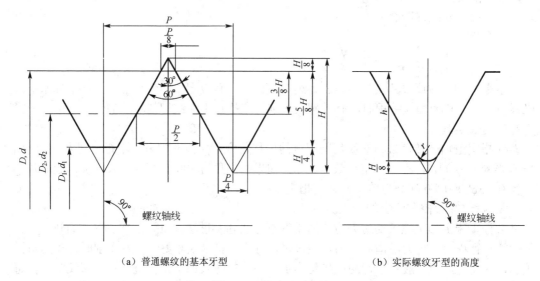

（a）普通螺纹的基本牙型　　　　（b）实际螺纹牙型的高度

图 3-19　螺纹牙型尺寸

b. 车削螺纹前直径尺寸的确定。

由于数控车床精车外圆一般为高速车削，高速车削三角形外螺纹时，受车刀挤压后会使螺纹大径尺寸胀大，因此，车螺纹前的外圆直径，应比螺纹大径小。当螺距为 1.5～3.5mm 时，外径一般可以小 0.2～0.4mm。

车削三角形内螺纹时，因为车刀切削时的挤压作用，内孔直径会缩小，所以车削内螺纹时的孔径（$D_孔$）应比内螺纹小径（D_1）略大些。实际生产中，普通螺纹在车内螺纹前的孔径尺寸，可用下列近似公式计算：

车削塑性金属的内螺纹时　　　　$D_孔 = d - P$

车削脆性金属的内螺纹时　　　　$D_孔 = d - 1.05P$

c. 螺纹起点与螺纹终点轴向尺寸。

由于车螺纹起始时有一个加速过程，结束前有一个减速过程，在这段距离中螺距不可能保持均匀，因而车螺纹时，两端必须设置足够的升速进刀段和减速退刀段 δ，以剔除两端因变速而出现的非标准螺距的螺纹段。

d. 若螺纹收尾处没有退刀槽,一般按 45°退刀收尾。

e. 分层切削进给次数与背吃刀量。

螺纹车削加工为成型车削,进给量较大,螺纹牙型较深,刀具强度较差,可分几次进给,每次进给的背吃刀量用螺纹深度减精加工背吃刀量所得的差按递减规律分配。常用米制螺纹切削的进给次数与背吃刀量见表 3-2,常用英制螺纹切削的进给次数与背吃刀量见表 3-3。

表 3-2 常用米制螺纹切削的进给次数与背吃刀量(双边)　　　　　　　　　　　　/mm

螺距		1.0	1.5	2.0	2.5	3.0	3.5	4.0
牙深		0.649	0.974	1.299	1.624	1.949	2.273	2.598
背吃刀量和切削次数	1 次	0.7	0.8	0.9	1.0	1.2	1.5	1.5
	2 次	0.4	0.6	0.6	0.7	0.7	0.7	0.8
	3 次	0.2	0.4	0.6	0.6	0.6	0.6	0.6
	4 次		0.16	0.4	0.4	0.4	0.6	0.6
	5 次			0.1	0.4	0.4	0.4	0.4
	6 次				0.15	0.4	0.4	0.4
	7 次					0.2	0.2	0.2
	8 次						0.15	0.3
	9 次							0.2

表 3-3 常用英制螺纹切削的进给次数与背吃刀量(双边)　　　　　　　　　　　　/in

牙数/(牙/in)		24	18	16	14	12	10	8
牙深		0.678	0.904	1.016	1.162	1.355	1.626	2.033
背吃刀量和切削次数	1 次	0.8	0.8	0.8	0.8	0.9	1.0	1.2
	2 次	0.4	0.6	0.6	0.6	0.6	0.7	0.7
	3 次	0.16	0.3	0.5	0.5	0.6	0.6	0.6
	4 次		0.11	0.14	0.3	0.4	0.4	0.5
	5 次				0.13	0.21	0.4	0.5
	6 次						0.16	0.4
	7 次							0.17

切削螺纹时应该注意如下几个问题。

a. 螺纹从粗加工到精加工主轴转速必须保持恒定,并与螺距相适应。

b. 主轴在没有停止时,停止螺纹加工将非常危险。因此,螺纹加工时,进给保持功能无效,如果按下进给保持功能键,刀具将在加工完螺纹后才停止运动。

c. 螺纹加工不能使用恒线速度功能,否则,螺距将发生变化。

d. 螺纹切削程序段前的程序段不必指定倒角或拐角 R。

e. 螺纹切削程序段不必指定倒角或拐角 R。

f. 主轴速度倍率功能在切螺纹时失效,主轴倍率固定在 100%。

g. 螺纹循环回退功能对 G32 无效。

【例 3-5】 圆柱螺纹编程实例。

要求车图 3-20 所示 M30×1.5 的外螺纹至尺寸要求。

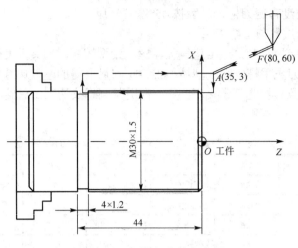

图 3-20 圆柱螺纹编程实例

解：螺纹大径 d=30mm，牙型高度 h=0.6495P=0.6495×1.5=0.974 mm，加工余量直径 =0.974×2=1.948≈1.95mm，可以分为四次切削，直径方向切削深度按递减规律分布可以取为：1.0 mm、0.6 mm、0.3 mm 、0.05 mm。

本例中，设工件右端面中心为工件坐标零点，对刀点在工件坐标系中的坐标值为（80，60），起刀点在工件坐标系中的坐标值为（35，3），取升速段 δ_1=3mm 降速段 δ_2=2mm。参考程序如下：

O0800;
G50 X80 Z60;   选 G50 为工件坐标系，对刀点（80，60）
M03 S100;
G00 X35 Z3 M08;
X29;   刀具快速定位到第一刀螺纹切削起点
G32 Z–42 F1.5;   切削螺纹第一刀
G00 X35;
Z3;
X28.4;   刀具快速定位到第二刀螺纹切削起点
G32 Z–42 F1.5;   切削螺纹第二刀
G00 X35;
Z3;
X28.1;   刀具快速定位到第三刀螺纹切削起点
G32 Z–42 F1.5;   切削螺纹第三刀
G00 X35;
Z3;
X28.05;   刀具快速定位到第四刀螺纹切削起点
G32 Z–42 F1.5;   切削螺纹第四刀
G00 X35;
X80 Z60 M09;   快速退刀至对刀点
M05 M30;   主轴停，程序结束并返回程序起点

若本例为双头螺纹，设起始角为 0°，相位角为 180°，参考程序如下：

O0810;
G50 X80 Z60;   选 G50 为工件坐标系，对刀点（80，60）
M03 S100;
G00 X35 Z3 M08;
X29;   刀具快速定位到第一条螺纹线的第一刀螺纹切削起点

G32 Z–42 F1.5 Q0;	切削第一条螺纹线的第一刀
G00 X35;	
Z3;	
X29;	刀具快速定位到另一条螺纹线的第一刀螺纹切削起点
G32 Z–42 F1.5 Q180000;	切削另一条螺纹线的第一刀
G00 X35;	
Z3;	
X28.4;	刀具快速定位到第一条螺纹线的第二刀螺纹切削起点
G32 Z–42 F1.5 Q0;	切削第一条螺纹线的第二刀
G00 X35;	
Z3;	
X28.4;	刀具快速定位到另一条螺纹线的第二刀螺纹切削起点
G32 Z–42 F1.5 Q180000;	切削另一条螺纹线的第二刀
G00 X35;	
Z3;	
X28.1;	刀具快速定位到第一条螺纹线的第三刀螺纹切削起点
G32 Z–42 F1.5 Q0;	切削第一条螺纹线的第三刀
G00 X35;	
Z3;	
X28.1;	刀具快速定位到另一条螺纹线的第三刀螺纹切削起点
G32 Z–42 F1.5 Q180000;	切削另一条螺纹线的第三刀
G00 X35;	
Z3;	
X28.05;	刀具快速定位到第一条螺纹线的第四刀螺纹切削起点
G32 Z–42 F1.5 Q0;	切削第一条螺纹线的第四刀
G00 X35;	
Z3;	
X28.05;	刀具快速定位到另一条螺纹线的第四刀螺纹切削起点
G32 Z–42 F1.5 Q180000;	切削另一条螺纹线的第四刀
G00 X35;	
X80 Z60 M09;	快速退刀至对刀点
M05 M30;	主轴停,程序结束并返回程序起点

【例3-6】 圆锥螺纹编程实例。

要求车图3-21所示的圆锥螺纹至尺寸要求,锥螺纹的螺距为2mm。

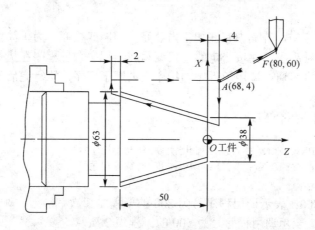

图 3-21 圆锥螺纹编程实例

解:螺纹牙型高度 $h=0.6495P=0.6495\times2=1.299$ mm,加工余量直径=$1.299\times2=2.598$

≈2.6mm。

可以分为五次切削，直径方向切削深度按递减规律分布查表 3-2 可以取为：0.9mm、0.6mm、0.6mm、0.4mm、0.1mm。

本例中，设工件右端面中心为工件坐标零点，对刀点在工件坐标系中的坐标值为（80，60），起刀点在工件坐标系中的坐标值为（68，4），取升速段δ_1=4mm，降速段δ_2=2mm，参考程序如下：

```
O0820;
G50 X80 Z60;              选 G50 为工件坐标系，对刀点（80，60）
M03 S100;
G00 X68 Z4 M08;
X35.1 ;                   刀具快速定位到第一刀螺纹切削起点
G32 X63.1 Z-52   F2;      切削螺纹第一刀
G00 X68;
Z4;
X34.5;                    刀具快速定位到第二刀螺纹切削起点
G32 X62.5 Z-52   F2;      切削螺纹第二刀
G00 X68;
Z4;
X33.9;                    刀具快速定位到第三刀螺纹切削起点
G32 X61.9 Z-52   F2;      切削螺纹第三刀
G00 X68;
Z4;
X33.5;                    刀具快速定位到第四刀螺纹切削起点
G32 X61.5 Z-52   F2;      切削螺纹第四刀
G00 X68;
Z4;
X33.4                     刀具快速定位到第五刀螺纹切削起点
G32 X61.4  Z-52  F2;      切削螺纹第五刀
G00 X68;
X80 Z60 M09;              刀具快速退刀到对刀点，关闭冷却液
M05 M30;                  主轴停，程序结束并返回程序起点
```

3.2.6 子程序指令 M98、M99

（1）子程序的概念

在一个加工程序中，若其中有些加工内容完全相同或相似，为了简化程序，可以把这些重复的程序段单独列出，并按一定的格式编写成子程序。主程序在执行过程中如果需要调用某一子程序，则可通过调用子程序的指令来调用子程序，执行完后又回到主程序，继续执行主程序。

（2）子程序调用指令 M98

指令格式：
    M98 PXX ****; XX：调用次数　****子程序号
    或 M98 P**** LXX ; XX：调用次数　****子程序号

子程序结束 M99;

如 M98 P030800；表示调用程序号为 800 的子程序 3 次。

M98 P500 L2；表示调用程序号为 500 的子程序 2 次。

（3）主、子程序关系如下：

主、子程序必须写在同一个文件中，以字母"O"开头，单独作为程序的一行书写。子程序可以调用其他子程序，即多层嵌套，如图 3-22 所示。

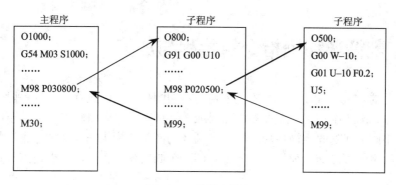

图 3-22 子程序嵌套

只要是子程序，不管是主程序中还是子程序中的子程序，必须以 M99 作为程序的结束行，一个子程序可被同一主程序或多个主程序多次调用。

【例 3-7】 图 3-23 所示为相同的间隔距离车削四个凹槽，采用子程序调用。参考程序如下：

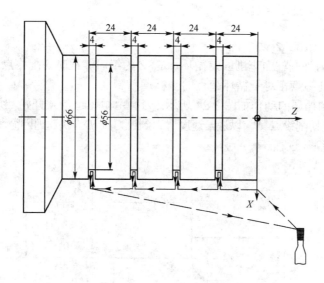

图 3-23 子程序编程实例

主程序
O0825;
M03 S500;
G00 X70 Z0 M08;　　　　　　　刀具快速定位到起刀点
M98 P040500;　　　　　　　　　调用程序号为 500 的子程序 4 次
G00 X100 Z80 M09;　　　　　　刀具快速定位到安全位置
M05;
M30;
子程序
O0500;
G00 W−24;　　　　　　　　　　刀具快速定位到切削起点
G01 U−14 F0.1;　　　　　　　　切 $\phi56\times4$ 凹槽
U14 F0.2;　　　　　　　　　　　退刀
M99;　　　　　　　　　　　　　子程序结束并返回主程序

3.3 车削循环切削指令的编程与加工

前面介绍的 G00、G01、G02 等指令是基本切削指令，即执行一个程序段只能使刀具产生一个动作。因车削加工的零件多为棒料或铸锻件毛坯，余量较多，数控车床为简化编程通常具备不同形式的固定循环功能。固定循环功能是指为了完成某种加工，将多个程序段的指令按约定的程序综合为一个程序段，即一个固定循环指令，可以使刀具产生多个指令动作。

固定循环分为单一固定循环和复合循环。

3.3.1 单一固定循环切削指令

单一固定循环是用含 G 代码的一个程序段使刀具产生四个顺序动作，即刀具按约定的顺序依次执行"切入→切削→退刀→返回"，即一个循环过程。单一固定循环属于模态代码。

（1）外圆柱面车削固定循环

指令格式：

    G90 X(U)__ Z(W)__ F__；

指令中 G90 为外圆柱面车削固定循环，X、Z 为绝对编程时切削终点的坐标值，U、W 为增量编程时切削终点相对于循环起点的坐标增量。

外圆柱面车削循环的动作如图 3-24 所示：刀具由循环起点 A 开始，快速运动到切削起点 B，直线插补到切削终点 C，以进给速度退刀到退刀点 D，快速返回循环起点 A。$A→B→C→D→A$ 为一个循环过程。

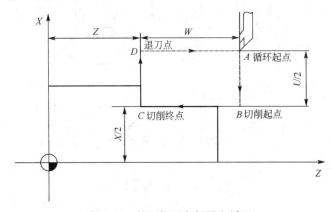

图 3-24 外圆柱面车削固定循环

【例 3-8】 设图 3-24 所示各点的坐标分别为：循环起点 A（80，70），切削起点 B（60，70），切削终点 C（60，30），退刀点 D（80，30）。

用前面简单车削指令绝对编程为：
G00 X60 Z70；
G01 X60 Z30 F0.15；
X80；
G00 Z70；

采用固定循环绝对编程为：G90 X60 Z30 F0.15；

采用固定循环增量编程为：G90 U–20 W–40 F0.15；

（2）外圆锥面车削固定循环

指令格式：

G90 X(U)__ Z(W)__ R__ F__；

指令中除 R 外，其余各指令字的含义与外圆柱面车削固定循环相同。R 为外圆锥面切削起点与切削终点的半径差。当起点的半径>终点的半径，R 为正值；当起点的半径<终点的半径，R 为负值；当起点的半径=终点的半径，R 为零，即外圆柱面车削固定循环。

外圆锥面车削循环的动作如图 3-25 所示：刀具由循环起点 A 开始，快速运动到切削起点 B，直线插补到切削终点 C，以进给速度退刀到退刀点 D，快速返回循环起点 A。A→B→C→D→A 为一个循环过程。

【例 3-9】 设图 3-25 所示各点的坐标分别为：精加工循环起点 A（120，105），切削起点 B（70，105），切削终点 C（100，30），退刀点 D（120，30）。采用固定循环粗精车圆锥面，毛坯为棒料 ϕ110mm，试编制其加工程序。

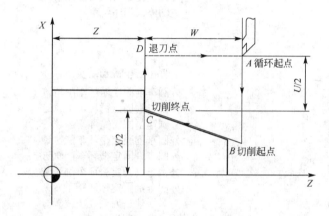

图 3-25 外圆锥面车削固定循环

分析工件的进给路线，可以有如下方案：

① 先矩形路线，然后三角形路线，如图 3-26（a）所示。
② 矩形路线，如图 3-26（b）所示。

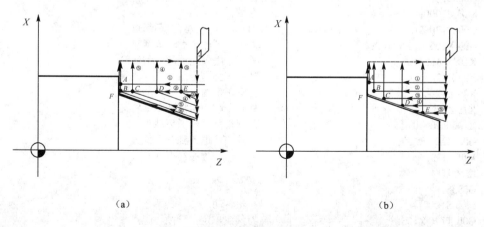

图 3-26 循环编程实例

a. 按图 3-26（a）所示路线加工。工件坐标系如图，计算出 R=（70−100）÷2=−15，设刀具强度允许，刀具粗车第一、二刀背吃刀量直径方向取 5mm，第三、四、五刀背吃刀量直径方向取 8mm。设各点的绝对坐标分别为 A（105，32）、B（100，32）、C（100，45）、D（100，65）、E（100，85）、F（100，30）参考程序如下：

绝对编程
O0830；   程序号
M03 S1000；   主轴转动
G00 X120 Z105；   刀具快速定位到循环起点
G90 X105 Z32 F0.2；   外圆车削固定循环车削轨迹①
X100；   外圆车削固定循环车削轨迹②
G90 Z85 R–15；   外圆车削固定循环车削轨迹③
Z65 R–15；   外圆车削固定循环车削轨迹④
Z45 R–15；   外圆车削固定循环车削轨迹⑤
Z32 R–15；   外圆车削固定循环车削轨迹⑥
Z30 R–15；   外圆车削固定循环精车
G00 X200 Z150；   刀具快速退刀到安全位置
M05 M30；   主轴停，程序结束

增量编程
O0835；   程序号
M03 S1000；   主轴转动
G00 X120 Z105；   刀具快速定位到循环起点
G90 U–15 W–73 F0.2；   外圆车削固定循环车削轨迹①
U–20；   外圆车削固定循环车削轨迹②
G90 W–20 R–15；   外圆车削固定循环车削轨迹③
W–40 R–15；   外圆车削固定循环车削轨迹④
W–60 R–15；   外圆车削固定循环车削轨迹⑤
W–73 R–15；   外圆车削固定循环车削轨迹⑥
W–75 R–15；   外圆车削固定循环精车
G00 X200 Z150；   刀具快速退刀到安全位置
M05 M30；   主轴停，程序结束

b. 按图 3-26（b）所示路线加工，计算出 $R=(70-100)\div 2=-15$。工件坐标系如图，设各点的绝对坐标分别为 A（105，30.5）、B（100，31）、C（94，47）、D（86，67）、E（78，87）、F（100，30）参考程序如下：

绝对编程
O0836；   程序号
M03 S1000；   主轴转动
G00 X120 Z105；   刀具快速定位到循环起点
G90 X105 Z30.5 F0.2；   外圆车削固定循环车削轨迹①
X100 Z31；   外圆车削固定循环车削轨迹②
X94 Z47；   外圆车削固定循环车削轨迹③
X86 Z67；   外圆车削固定循环车削轨迹④
X78 Z87；   外圆车削固定循环车削轨迹⑤
X100 Z30；R–15   外圆车削固定循环精车
G00 X200 Z150；   刀具快速退刀到安全位置
M05 M30；   主轴停，程序结束

增量编程
O0838；   程序号
M03 S1000；   主轴转动
G00 X120 Z105；   刀具快速定位到循环起点
G90 U–15 W–74.5 F0.2；   外圆车削固定循环车削轨迹①
U–20 W–74；   外圆车削固定循环车削轨迹②
U–26 W–58；   外圆车削固定循环车削轨迹③

U–34 W–38;	外圆车削固定循环车削轨迹④
W–42 W–18;	外圆车削固定循环车削轨迹⑤
U–20 W–75 R–15;	外圆车削固定循环精车
G00 X200 Z150;	刀具快速退刀到安全位置
M05 M30;	主轴停，程序结束

（3）端面切削循环 G94

指令格式：

    G94 X(U)__ Z(W)__ F__;

指令中 G90 为外圆柱面车削固定循环，X、Z 为绝对编程时切削终点的坐标值，U、W 为增量编程时切削终点相对于循环起点的坐标增量。

外圆柱面车削循环的动作如图 3-27 所示：刀具由循环起点 A 开始，快速运动到切削起点 B，直线插补到切削终点 C，以进给速度退刀到退刀点 D，快速返回循环起点 A。$A \to B \to C \to D \to A$ 为一个循环过程。

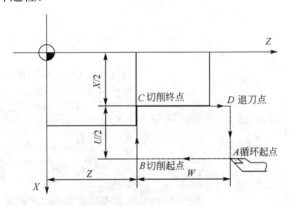

图 3-27 端面车削固定循环

【例 3-10】 设图 3-27 所示各点的坐标分别为：循环起点 A（180，100）、切削起点 B（180，70）、切削终点 C（80，70）、退刀点 D（80，100）。采用端面切削固定循环编程。

绝对编程为：G94 X80 Z70 F0.15

增量编程为：G94 U–100 W–30 F0.15

（4）锥端面车削固定循环 G94

指令格式：

    G94 X(U)__ Z(W)__ R__ F__;

指令中除 R 外，其余各指令字的含义与外圆锥面车削固定循环相同。R 为外圆锥面切削起点与切削终点的 Z 坐标差。当起点的 Z 坐标>终点的 Z 坐标，R 为正值；当起点的 Z 坐标<终点的 Z 坐标，R 为负值；当起点的 Z 坐标=终点的 Z 坐标，R 为零，即端面车削固定循环。

锥端面车削循环的动作如图 3-28 所示：刀具由循环起点 A 开始，快速运动到切削起点 B，直线插补到切削终点 C，以进给速度退刀到退刀点 D，快速返回循环起点 A。$A \to B \to C \to D \to A$ 为一个循环过程。

【例 3-11】 设图 3-29 所示零件要求车削至图示要求。由于该零件的特点适合采用锥端面固定循环编程，试采用锥端面固定循环编制其加工程序。

解：工件坐标系的原点为工件左端面的中心点，对刀点的坐标值为（100，80），循环起点的坐标值为（65，48），计算出 $R=30–34=–4$。

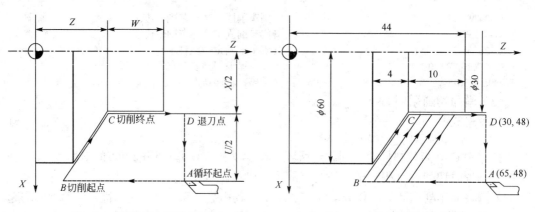

图 3-28 锥端面车削循环图　　　图 3-29 锥端面车削循环实例

参考程序如下：
O0840;
G50 X100 Z80;　　　　　　　选 G50 为工件坐标系，对刀点（100，80）
M03 S1000;
G00 X65 Z48 M08;　　　　　　刀具快速定位到循环起点
G94 X30 Z42 R–4 F0.1;　　　　锥端面固定循环切削第一刀
Z40 R–4;　　　　　　　　　　切削第二刀
Z38 R–4;　　　　　　　　　　切削第三刀
Z36 R–4;　　　　　　　　　　切削第四刀
Z34 R–4;　　　　　　　　　　切削第五刀
G00 X100 Z80 M09;　　　　　　刀具返回对刀点
M05;　　　　　　　　　　　　主轴停
M30;　　　　　　　　　　　　程序结束并返回程序起点

（5）螺纹车削固定循环 G92

指令格式：
　　　　　G92　X(U)__　Z(W)__　F__;　　圆柱螺纹车削固定循环
　　　　　G92　X(U)__　Z(W)__　R__　F__;　圆锥螺纹车削固定循环

指令中 G92 为螺纹车削固定循环，X、Z 为绝对编程时切削终点的坐标值；U、W 为增量编程时切削终点相对于循环起点的坐标增量，F 为螺纹导程，R 为锥螺纹切削起点与切削终点的半径差。当起点的半径>终点的半径，R 为正值；当起点的半径<终点的半径，R 为负值；当起点的半径=终点的半径，R 为零，即圆柱螺纹车削固定循环。

螺纹车削固定循环的动作如图 3-30 所示：刀具由循环起点 A 开始，快速运动到切削起点 B，直线插补到切削终点 C，以进给速度退刀到退刀点 D，快速返回循环起点 A。$A \to B \to C \to D \to A$ 为一个循环过程。

【例 3-12】　圆锥螺纹编程实例。

要求采用螺纹车削固定循环车削图 3-21 所示的锥螺纹至尺寸要求，锥螺纹的螺距为 2mm。

解：螺纹牙型高度　　$h=0.6495P=0.6495\times2=1.299$mm

加工余量直径=$1.299\times2=2.598\approx2.6$mm。

可以分为五次切削，直径方向切削深度按递减规律分布可以取为：0.9 mm、0.6 mm、0.6 mm、0.4 mm、0.1 mm，$R=(36-64)\div2=-14$。

本例中，设工件右端面中心为坐标零点，对刀点在工件坐标系中的坐标值为（80，60），取升速段 δ_1=4mm　降速段 δ_2=2mm，参考程序如下：

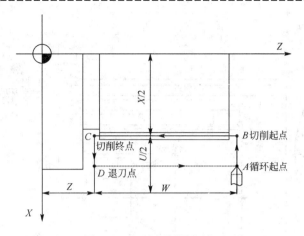

图 3-30 螺纹车削固定循环

```
O0850;
G50 X80 Z60;                选 G50 为工件坐标系,对刀点(80,60)
M03 S100;
G00 X68 Z4 M08;             刀具快速定位到循环起点
G92 X63.1 Z–52  R–14  F2;   循环切削螺纹第一刀
X62.5 R–14;                 切削螺纹第二刀
X61.9 R–14;                 切削螺纹第三刀
X61.5 R–14;                 切削螺纹第四刀
X61.4 R–14;                 切削螺纹第五刀
G00 X80 Z60 M09;
M05;                        主轴停
M30;                        程序结束并返回程序起点
```

3.3.2 复合循环切削指令

用单一固定循环编程,刀具轨迹每次运动一个循环。若毛坯为下料件或铸锻件毛坯,余量大,要完成粗车过程,需人工分配车削次数和背吃刀量。复合循环编程,只需指定精加工路线和背吃刀量、精车余量等,数控系统可自动计算粗车的刀具进给路线,自动进行粗加工,简化编程。复合循环指令属于非模态指令。

(1) 外圆粗车复合循环 G71

指令格式:

    G71 U(Δd) R(e)__;
    G71 P(ns) Q(nf) U(Δu) W(Δw) F(f) S(s) T(t);

参数说明见图 3-31。

其中　Δd——每次背吃刀量,半径值;
　　　e——每次切削加工后的退刀量;
　　　ns——精加工轮廓程序段中开始程序段的顺序号;
　　　nf——精加工轮廓程序段中结束程序段的顺序号;
　　　Δu——X 轴方向精加工余量的距离及方向,直径值;
　　　Δw——Z 轴方向精加工余量距离及方向;
　　　f、s、t——粗加工的 F、S、T 代码或数值。

使用 G71 指令注意的问题:

① 使用 G71 程序段粗车外圆时,Δu 为正值;粗车内孔时,Δu 为负值,车内孔的进

刀路线见图 3-32。

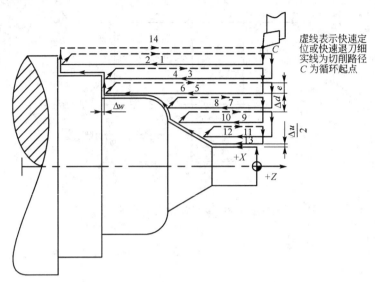

图 3-31 外圆粗车复合循环 G71

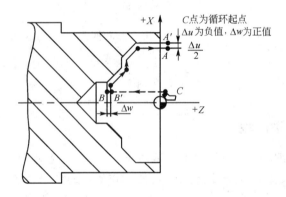

图 3-32 外圆粗车复合循环 G71 车内孔

② P、Q 后面的地址 ns、nf 与精加工路径起止顺序号对应。

③ ns→nf 之间的程序段，包括快速定位，不包括切削完后的直线退刀。快速定位只能使用 G00 或 G01 指令，该程序段不能有 Z 方向的移动指令。零件轮廓必须符合 X 轴、Z 轴方向同时单调增大或单调减少。

④ X 轴、Z 轴方向非单调时，ns→nf 程序段中第一条指令必须在 X、Z 向同时有运动。

⑤ 顺序号 ns→nf 之间不能调用子程序。

（2）精加工循环 G70
指令格式：

    G70 P(ns) Q(nf);

其中 ns——精加工轮廓程序段中开始程序段的顺序号；
    nf——精加工轮廓程序段中结束程序段的顺序号。

复合循环进行粗加工后，可以用 G70 进行精加工。精加工时，只有在 ns→nf 程序段中的 F、S、T 才有效。精车时的加工余量是粗车循环时留下的精车余量，加工轨迹是工件的

轮廓线。

【例 3-13】 G70、G71 综合举例。加工图 3-33 所示的零件。取工件右端面中心为零点，建立工件坐标系，参考程序如下：

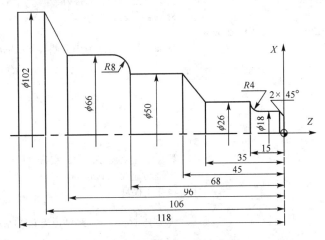

图 3-33　G70、G71 综合实例

O860;	
N10 G54 G00 X120 Z100;	选 G54 建立坐标系，刀具快速定位至换刀点
N20 M03 S800;	主轴转动
N30 G00 Z3 M08;	刀具快速定位，开冷却液
N40 G71 U3 R1;	外圆粗车复合循环
N50 G71 P60 Q160 U0.2 W0.1 F0.25 S600;	
N60 G00 X8;	精加工轮廓程序段中开始程序段的顺序号
G01 X18 Z–2 F0.15;	
Z–11;	
G02 X26 Z–15 R4;	
G01 Z–35;	
X50 Z–45;	
Z–68;	
G03 X66 Z–76 R8;	
G01 Z–96;	
X102 Z–106;	
N160 Z–124;	精加工轮廓程序段中结束程序段的顺序号
N170 S1000;	主轴转速为 1000r/min
G70 P60 Q160;	精加工循环
G00 X120 Z100 M09;	快速退刀至换刀点
M05;	主轴停
M30;	程序结束并返回程序起点

【例 3-14】 G70、G71、G92 综合举例。车图 3-34 所示零件至要求，设粗精车外圆的刀具为 T0101，切槽的刀具为 T0202，车螺纹的刀具为 T0303，取工件右端面中心为编程零点。

螺纹的牙型高度 $h=0.6495P=0.6495\times1.5=0.974$mm，直径方向加工余量$=0.974\times2=1.95$mm，可以分四次切削，直径方向切削深度按递减规律分布可取为：1.0mm、0.7mm、0.2mm、0.05mm。

参考程序如下：
O0860;
N10 G54 M03 S800 T0101;　　　　　　　选 G54 建立坐标系，主轴转动，选 T0101
N20 G00 X30 Z2 M08;　　　　　　　　　刀具快速定位，开冷却液
N30 G71 U2 R1;　　　　　　　　　　　 外圆粗车复合循环
N40 G71 P50 Q120 U0.2 W0.1 F0.2 S600;
N50 G00 X17.8;　　　　　　　　　　　 精加工轮廓程序段中开始程序段的顺序号
G01 Z–18 F0.15;
X18;
G03 X21 Z–19.5 R1.5;
G01 Z–30;
X24　Z–52;
X28;
N120 Z–65;　　　　　　　　　　　　　精加工轮廓程序段中结束程序段的顺序号
N130 S1000;　　　　　　　　　　　　 主轴转速为 1000r/min
G70 P50 Q120;　　　　　　　　　　　 精加工循环
G00 X80 Z100;　　　　　　　　　　　 快速退刀至换刀点
T0202 S600;　　　　　　　　　　　　 换刀具 T0202，主轴转速为 600 r/min
G00 Z–18;
X24;
G01 X15 F0.1;　　　　　　　　　　　 切 4×1.5 退刀槽
X24 F0.2;
G00 X80 Z100;　　　　　　　　　　　 快速退刀至换刀点
T0303 S100;　　　　　　　　　　　　 换刀具 T0303，主轴转速为 100 r/min
G00 X22 Z3;　　　　　　　　　　　　 快速定位至循环起点
G92 X17 Z–15 F1.5;　　　　　　　　　循环切削螺纹第一刀
X16.3;　　　　　　　　　　　　　　　切削螺纹第二刀
X16.1;　　　　　　　　　　　　　　　切削螺纹第三刀
X16.05;　　　　　　　　　　　　　　 切削螺纹第四刀
G00 X80 Z100 M09;　　　　　　　　　 快速退刀，关闭冷却液
M05;　　　　　　　　　　　　　　　　主轴停
M30;　　　　　　　　　　　　　　　　程序结束并返回程序起点

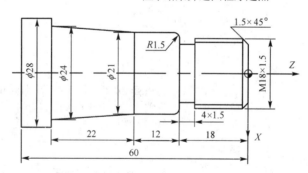

图 3-34　G70、G71、G92 综合编程实例

（3）端面粗车复合循环 G72
编程格式：
　　　　　　G72 W(△d) R(e);
　　　　　　G72 P(ns) Q(nf) U(△u) W(△w) F(f) S(s) T(t);
G72 适用于 Z 方向余量小、X 方向余量大的棒料粗加工的情况，其刀具循环路径如图 3-35 所示。

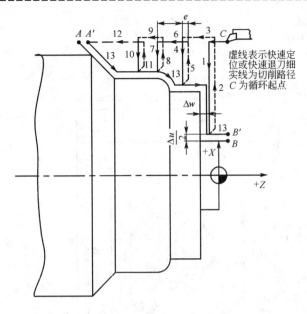

图 3-35 端面粗车复合循环

使用 G72 指令注意以下问题。

① Δd 为平行于 Z 轴的切削深度,不加符号。其余各参数的含义与 G71 的相同。

② 使用 G72 粗车内孔端面时,注意 Δu 为负值。

③ 粗车时 $ns \rightarrow nf$ 之间的 F、S、T 被忽略,G72 中的 F、S、T 有效。

④ P、Q 后面的地址 ns、nf 与精加工路径起止顺序号对应。

⑤ $ns \rightarrow nf$ 之间的程序段,包括快速定位,不包括切削完后的直线退刀。快速定位 ns 的程序段必须是 G00/G01 指令,不应编有 X 方向的移动。

⑥ 顺序号 $ns \rightarrow nf$ 之间不能调用子程序。

【例 3-15】 G72 内端面粗车复合循环举例。

图 3-36 中,零件上钻孔 ϕ12mm,设工件的右端面中心为工件零点,起刀点在工件坐标系中的坐标值为(10,3),背吃刀量为 1.5mm,退刀量为 1mm,X 向精加工余量为 0.2mm,Z 向精加工余量为 0.1mm。参考程序如下:

```
O0870；
G54 G00 X120 Z100；
M03 S500；                          启动主轴转动,主轴转速为 500r/min
G00 X10 Z3 M08；                    刀具快速定位到起刀点
N40 G72 W1.5 R1；                   端面粗车复合循环车内轮廓
N50 G72 P60 Q140 U−0.2 W0.1 F0.2；
N60 G00 Z−64；                      精加工内轮廓程序段中开始程序段的顺序号
G01 U3 W3 F0.15；
W9；
G03 U12 W6 R6；
G01 W8；
U24 W13；
W9；
U12；
G02 U16 W8 R8；
N140 G01 W8；                       精加工内轮廓程序段中结束程序段的顺序号
N150 S600
```

```
N160 G70 P60 Q140;              精加工内轮廓
G00 X120 Z100 M09;              快速退刀
M05;
M30;
```

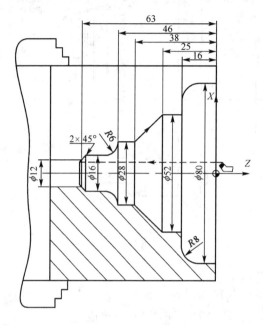

图 3-36 内端面粗车复合循环实例

（4）封闭切削循环 G73

指令格式：

G73 U(△i) W(△k) R(d);

G73 P(ns) Q(nf) U(△u) W(△w) F(f) S(s) T(t);

G73 适用于毛坯轮廓形状与零件轮廓形状基本接近的铸、锻件毛坯。其刀具循环路径和参数说明如图 3-37 所示。

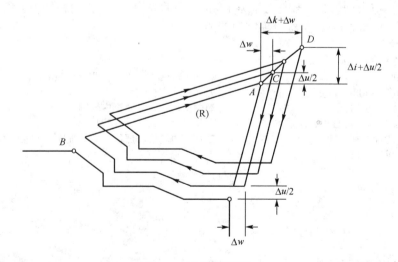

图 3-37 封闭切削循环 G73

其中　△i——X 轴方向总退刀距离和方向（半径值）；

Δk——Z 轴向总退刀距离和方向；

d——粗切削次数；

ns——精加工轮廓程序段中开始程序段的顺序号；

nf——精加工轮廓程序段中结束程序段的顺序号；

Δu——X 轴方向精加工余量，直径值；

Δw——Z 轴方向精加工余量；

f、s、t——粗加工的 F、S、T 代码或数值。

【例 3-16】 加工图 3-33 所示零件。若毛坯为锻件，采用 G73 编程，取如下参数：X 方向退刀量 9mm，Z 方向退刀量 9mm，精车余量 X 方向为 0.2，Z 方向为 0.1mm，粗车次数为 3 次，粗车进给速度 0.25mm/r，主轴转速为 600r/min。参考程序如下：

O0880;	
N10 G54 G00 X120 Z100;	选 G54 建立坐标系，刀具快速定位至换刀点
N20 M03 S800;	主轴转动
N30 G00 X115　Z3 M08;	刀具快速定位，开冷却液
N40 G73 U9 W9 R3;	封闭切削循环，
N50 G73 P60 Q160 U0.2 W0.1 F0.25 S600;	
N60 G00 X8;	精加工轮廓程序段中开始程序段的顺序号
G01 X18 Z–2 F0.15;	
Z–11;	
G02 X26 Z–15 R4;	
G01 Z–35;	
X50 Z–45;	
Z–68;	
G03 X66 Z–76 R8;	
G01 Z–96;	
X102 Z–106;	
N160 Z–124;	精加工轮廓程序段中结束程序段的顺序号
N170 S1000;	主轴转速为 1000r/min
G70 P60 Q160;	精加工循环
G00 X120 Z100 M09;	快速退刀至换刀点
M05;	主轴停
M30;	程序结束并返回程序起点

（5）深孔钻削循环 G74

深孔钻削循环即纵向切削固定循环，可用于端面纵向断续切削，多用于深孔钻削加工的情况，如图 3-38 所示。

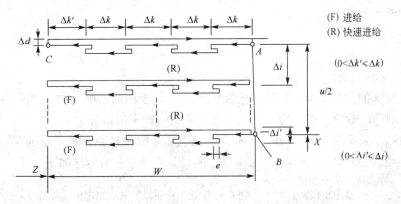

图 3-38　深孔钻削循环 G74

指令格式：
   G74　R(e);
   G74　X(U)__　Z(W)__　P(△i)　Q(△k) R(△d) F(f);
其中　e——退刀量；
  $\triangle i$——X方向的移动量（无符号）；
  $\triangle k$——Z方向的切深量（无符号）；
  $\triangle d$——孔底的退刀量，$\triangle d$的符号总是正；
X(U)、Z(W)——孔底的坐标。

【例3-17】采用深孔钻削循环功能加工图3-39所示深孔，试编写加工程序。刀具采用内孔车刀，车孔前已通过钻中心孔→钻孔，工件上已加工好ϕ12mm通孔。取：e=4，X=30，Z=–120，$\triangle i$=3，$\triangle k$=20，$\triangle d$=1，F=0.1。

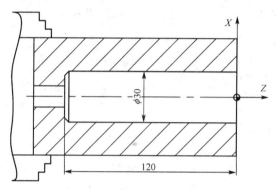

图3-39　深孔钻削循环编程

参考程序如下：
O0890;
N10 G54 G00 X120 Z100 T0202; 选G54建立坐标系，刀具快速定位至换刀点，换T0202
N20 M03 S600; 主轴转动
N30 G00 X0　Z2 M08; 刀具快速定位，开冷却液
N40 G01 X12 F0.15;
N40 G74 R4; 深孔钻削循环
N50 G74 X30 Z–120 P3 Q20 R1 F0.1;
N60 G00 X120 Z100 M09; 快速退刀至换刀点
N70 M05; 主轴停
N80 M30; 程序结束并返回程序起点

（6）内径/外径切削循环 G75
指令格式：
   G75　R(e);
   G75　X(U)__　Z(W)__　P(△i)　Q(△k) R(△d) F(f);

G75与G74的动作类似，切削方向旋转90°，用于断屑切削，动作如图3-40所示。外径切削循环适用于在外圆面上切削沟槽或切断加工的情况。

【例3-18】采用内径/外径切削循环G75功能加工图3-41所示槽，试编写加工程序。取：e=3，X=30，Z=–57，$\triangle i$=8，$\triangle k$=4，$\triangle d$=1，F=0.1。参考程序如下：
O0900;
N10 G54 G00 X120 Z50 T0202; 选G54建立坐标系，刀具快速定位至换刀点，换T0202
N20 M03 S500; 主轴转动

```
N30 G00 X55   Z–49 M08;        刀具快速定位,开冷却液
N40 G75 R3;                    深孔钻削循环
N50 G75 X20 Z–57 P8 Q4 R1 F0.1;
N60 G00 X120 Z50 M09;          快速退刀至换刀点
N70 M05;                       主轴停
N80 M30;                       程序结束并返回程序起点
```

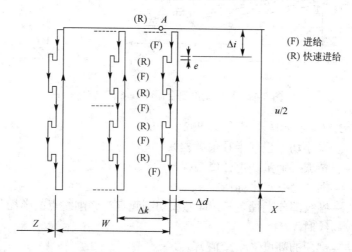

图 3-40 内径/外径切削循环 G75

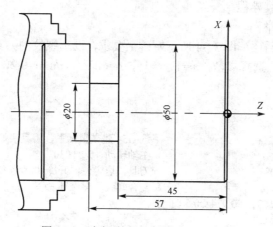

图 3-41 内径/外径切削循环 G75 实例

（7）复合螺纹切削循环 G76

复合螺纹切削循环 G76 可以完成一个螺纹段的全部加工任务。它的进刀方法有利于改善刀具的切削条件,在编程中应优先考虑应用该指令,如图 3-42 所示。

指令格式：

    G76 P (m) (r) (α) Q(Δdmin) R(d);
    G76 X(U)__ Z(W)__ R(i) P(k) Q(Δd)   F(L);

参数说明见图 3-42。

其中 m 精加工重复次数,为 1～99；

   r——螺纹尾端的倒角量,其值大小可设置在 0～9.9L 之间,系数为 0.1 的整数倍,用 00～99 之间的两位整数表示,L 为螺距；

   $α$——刀尖角,可从 80°、60°、55°、30°、29°、0° 这六个角度中选择；

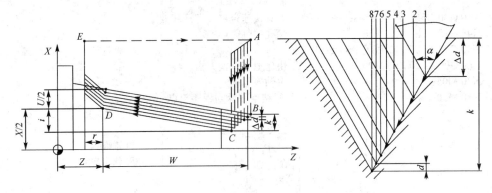

图 3-42 螺纹切削复合循环 G76 刀具轨迹

如 $m=2$、$r=1.5L$、$\alpha=60°$，表示为 P02 15 60；

Δd_{min}——最小切入量（半径值编程）；

d——精加工余量（半径值编程）；

$X(U)$、$Z(W)$——螺纹的终点坐标；

i——螺纹部分半径之差，即螺纹切削起点与切削终点的半径差，加工圆柱螺纹时，$i=0$；

k——螺牙的高度（半径值）；

Δd——第一次切入量（半径值）；

L——螺纹导程。

【例 3-19】 G76 举例。

用复合螺纹切削循环车图 3-34 所示螺纹至要求，设车螺纹的刀具为 T0303，取工件右端面中心为编程零点。选择参数：$m=1$，$r=15$，$\alpha=60°$，$\Delta d_{min}=0.2$，$d=0.1$，$i=0$，$k=0.974$，$\Delta d=0.5$，$L=1.5$。

参考程序如下：

O0910;	
N10 G54 G00 X80 Z100;	选 G54 建立坐标系，刀具快速定位至换刀点
N20 M03 S100 T0303;	主轴转动，选 T0303
N30 G00 X22 Z3 M08;	刀具快速定位，开冷却液
N40 G76 P02 15 60;	复合螺纹切削循环
N50 G76 X16.05 Z–16 R0 P0.974 Q0.5 F1.5;	
N60 G00 X60 Z100 M09;	刀具快速退刀至换刀点
M05;	主轴停
M30;	程序结束并返回程序起点

3.4 刀具补偿功能

刀具补偿是补偿实际加工用的刀具与编程所使用的刀具或对刀时用的基准刀具之间的差值，从而使加工的零件符合图纸尺寸要求。

3.4.1 刀具的几何补偿和磨损补偿

按图纸尺寸编程，没有考虑到刀具的几何形状和安装位置。加工时，通过对刀确定各刀具的安装位置。一般以其中一把刀作基准，并以该刀对刀时的刀尖位置为依据来建立工件坐标系。如图 3-43 所示中的 A 点。在加工过程中,当其他的刀位转到加工位置时,如另一把刀的刀尖位置在 B 点,不可能和 A 点完全重合,故原设定的工件坐标系对这些刀具就不适应。另外,在加工过程中,每把刀具都有不同程度的磨损,其刀具的位置也会发生变化,因此,应对实际刀具刀尖的位置相对于标准刀具刀尖的位置在 X、Z 方向上进行补偿,使补偿后的刀尖位置由 B 点移至 A 点。

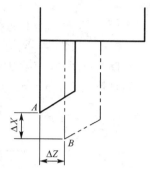

图 3-43 刀具的几何补偿

刀具的几何补偿是把对刀时采集的刀具数据准确地储存在刀具数据库,通过程序中的刀补代码来提取并执行;刀具磨损补偿则是用于补偿刀具磨损后刀具头部与原始尺寸之差。刀补移动的效果便是令转位后新刀具的刀尖移动到与上一基准刀具刀尖所在的位置上,新、老刀尖重合,它在工件坐标系中的坐标就不产生改变,这就是刀位补偿的实质。

3.4.2 刀尖圆弧半径自动补偿指令

我们在编程时,通常都将车刀刀尖作为一点来考虑,但实际上为了提高刀尖强度,降低工件表面粗糙度数值,通常将刀尖处刃磨成小圆弧,如图 3-44 所示。当用按理论刀尖点编出的程序进行端面、外径、内径等与轴线平行或垂直的表面加工时,是不会产生误差的。但在切削锥面、圆弧或倒角时,若按轮廓编程会造成少切或过切现象,如图 3-45 所示。为避免这种现象的发生,就需要使用刀尖圆弧自动补偿功能。

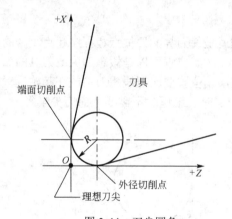

图 3-44 刀尖圆角

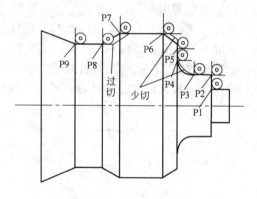

图 3-45 刀尖圆角造成的少切或过切

一般数控装置都具有刀具半径补偿功能,编程时,不必计算刀心轨迹,直接按零件轮廓的坐标数据编制加工程序,手工输入刀具半径到刀具补正表,系统根据工件轮廓和刀具半径,自动计算出刀心轨迹,并按刀心轨迹运动。

(1) 刀尖圆弧半径补偿指令 G41、G42、G40

指令格式:
  G41/G42 G00(G01) X(U)__ Z(W)__ (F__) D__;
  G40 G00(G01) X(U)__ Z(W)__ (F__) D00;

其中 G41——刀尖半径左补偿。沿着刀具切削进给方向看,刀尖位置应在编程轨迹的左边,此时,刀心在工件编程轨迹的左边,如图 3-46 所示,需对刀具进行左补偿,用 G41 指令;

G42——刀尖半径右补偿。沿着刀具切削进给方向看,刀尖位置应在编程轨迹

的右边,此时,刀心在工件编程轨迹的右边,如图 3-46 所示,需对刀具进行右补偿,用 G42 指令;

G40——取消刀尖半径补偿。刀尖运动轨迹与编程轨迹一致。

D 为补偿号,各个刀具的半径存放在刀具补正表,用 D00~D99 指定。如 D01 就是调用刀具补正表中第一号刀具的半径补偿值,D00 则为取消刀具半径补偿。

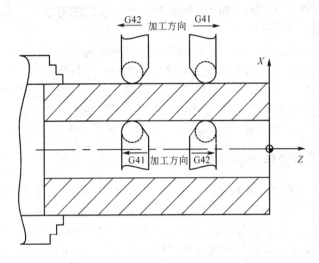

图 3-46 左刀补 G41、右刀补 G42

(2) 假想刀尖

数控车床在加工前要先进行对刀,对刀过程就是使刀具的刀位点和程序起点重合的过程。实际车刀(尤其是精车刀)有刀尖圆弧,所以对刀位置可以是假想刀尖或刀具圆弧中心,如图 3-47 所示。把实际刀具的圆弧中心放在起始位置要比把假想刀尖放在起始位置困难得多,故一般按假想刀尖对刀。当使用假想刀尖时,编程时不需要考虑刀尖半径。

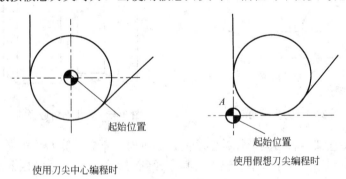

图 3-47 假想刀尖

(3) 假想刀尖的方位

采用刀具半径补偿,可加工出准确的轨迹尺寸形状。如果使用了不合适的刀具,如左偏刀换成右偏刀,那么采用同样的刀补算法还能保证加工准确吗?由此,就引出了刀尖方位的概念。

若从刀尖圆弧中心观察的假想刀尖的方位不同,即刀具在切削时所处的位置不同,则补偿量与补偿方向也不同。图 3-48 所示为按假想刀尖方位的 8 种位置,箭头表示刀尖方向,如果按刀尖圆弧中心编程，则选用 0 或 9。

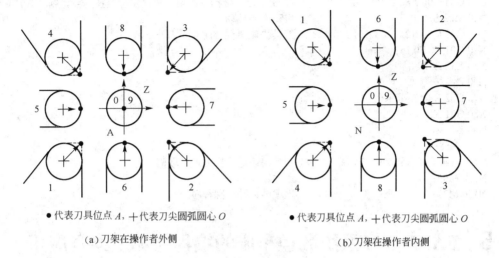

(a) 刀架在操作者外侧　　　　　(b) 刀架在操作者内侧

图 3-48　假想刀尖的方位

(4) 注意事项

① 刀具半径补偿的设定应在切入工件轮廓的前一程序段用 G00 或 G01 建立，取消应在离开工件轮廓的程序段用 G00 或 G01 编入程序，不应在 G02、G03 圆弧轨迹程序段上实施。

② 设定和取消刀具半径补偿时，刀具位置的变化是一个渐变的过程。

③ G41(G42) 一定要和 G40 成对出现，即若调用了刀具半径补偿，补偿完后一定要取消刀补。

④ G41、G42 指令不要重复规定，否则会产生一种特殊的补偿。

【例 3-20】 刀尖圆弧半径编程。

如图 3-49 所示，精车外圆的刀具为 T0101，以工件右端面中心为零点建立工件坐标系。参考程序如下：

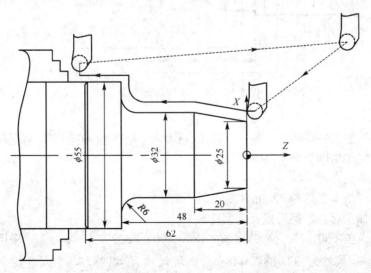

图 3-49　刀尖圆弧半径编程实例

O0910；
N10 G54 G00 X80 Z100 T0101；　　选 G54 建立坐标系，刀具快速定位至换刀点，换 T0101
N20 M03 S1000；　　　　　　　　启动主轴转动
N30 G42 G00 X25　Z3 D01 M08；　刀具快速定位，建立右刀补
N40 G01 Z0 F0.15；
N50 X32 Z–20 ；
N60 Z–42；
N70 G02 X44 Z–48 R6；
N80 G01 X55；
N90 Z–66；
N100 X58；
N110 G40 G00 X80 Z100 M09；　　刀具快速返回换刀点，取消刀补
N120 M05；　　　　　　　　　　　主轴停
N130 M30；　　　　　　　　　　　程序结束并返回程序起点

3.5　FANUC 0i 系统数控车床的编程与加工综合应用

3.5.1　轴类零件的数控车削编程加工实例

【例 3-21】编制图 3-50 零件的数控车削加工程序。毛坯为 $\phi 50\times 88$mm，材料为 45 钢，取工件右端面为零点建立工件坐标系。

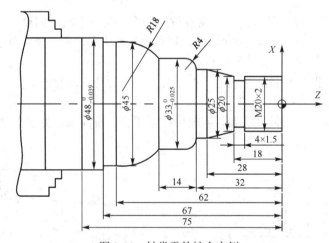

图 3-50　轴类零件综合实例

（1）工艺分析

根据图样需加工外圆柱、外圆锥、圆弧、螺纹、退刀槽。外圆车削可采用复合循环，螺纹切削采用螺纹切削复合循环。

（2）确定装夹方案

棒料伸出三爪卡盘外约 82mm，找正后夹紧。

（3）确定加工起点、换刀点及工艺路线

加工起点设在（50，2），换刀点设在（80，100）。$\phi 33_{-0.025}^{0}$、$\phi 45_{-0.039}^{0}$ 采用中间尺寸编程，$\phi 33_{-0.025}^{0}$ 编程尺寸为 32.988，$\phi 48_{-0.039}^{0}$ 编程尺寸为 47.98，其余尺寸均采用基本尺寸编程。

① 工艺过程如下:

a. 采用外圆粗车复合循环粗车外圆各部,直径留精车余量 0.5mm,端面留精车余量 0.2mm;

b. 采用精车循环精车外圆各部至要求;

c. 切削 4×1.2 退刀槽;

d. 采用螺纹车削循环车螺纹至要求;

e. 切断刀切断,保证总长 75.5mm;

f. 掉头车左端面保证长度 75mm。

② 刀具设置:

93°外圆车刀　　T01

4mm 宽切槽刀　　T02

60°螺纹车刀　　T03

③ 刀具与工艺参数　见表 3-4、表 3-5。

表 3-4　数控加工刀具卡

单　位		数控加工刀具卡片	产品名称			零件图号	
			零件名称			程序编号	
序号	刀具号	刀具名称	刀具规格	补偿值		刀补号	
				半径	长度	半径	长度
1	T01	外圆偏刀	93°				
2	T02	切槽刀	4mm				
3	T03	螺纹车刀	60°				

表 3-5　数控加工工序卡

单　位		数控加工工序卡片		产品名称	零件名称	材　料	零件图号
工序号		程序编号	夹具名称	夹具编号	设备名称	编制	审核
工步号	工步内容		刀具号	刀具规格	主轴转速 /(r·min^{-1})	进给速度 /(mm·r^{-1})	背吃刀量 /mm
1	采用外圆粗车复合循环粗车外圆各部,直径留精车余量 0.5mm,端面留精车余量 0.2mm		T01		800	0.25	2
2	采用精车循环精车外圆各部至要求		T01		1000	0.15	0.25
3	切削 4×1.2 退刀槽		T02		500	0.1	
4	采用螺纹车削循环车螺纹至要求		T03		60	2	0.5
5	切断刀切断,保证总长 75.5mm		T02		500	0.1	
6	掉头手动车左端面保证长度 75mm		T01		800	0.2	
7							
8							

(4）参考程序

```
O0920;
N10 G54 M03 S600;                      选 G54 建立坐标系，启动主轴转动
N20 G00 X80 Z100 T0101;                刀具快速定位至换刀点，换 T0101
N30 G00 X50 Z2 M08;                    刀具快速定位至切削起点，开冷却液
N40 G71 U2 R1;                         外圆粗车复合循环
N50 G71 P60 Q130 U0.5 W0.25  F0.25 S800;
N60 G00 X19.8;                         精加工轮廓程序段中开始程序段的顺序号
G01 Z–18 F0.15;
X20;
X25 Z–28;
Z–32;
G03 X32.988  Z–36  R4;
G01 Z–46;
G03 X45 Z–62 R18;
G01 Z–67;
X47.98;
N130 Z–79.5;                           精加工轮廓程序段中结束程序段的顺序号
N140 S1000;                            主轴转速为 1000r/min
G70 P60 Q130;                          精加工循环
G00 X80 Z100;                          快速退刀至换刀点
T0202 S500;                            换刀具 T0202，主轴转速为 500r/min
G00 X24 Z–18;
G01 X17 F0.1;                          切 4×1.2 退刀槽
X24 F0.2;
G00 X80 Z100;                          快速退刀至换刀点
T0303;                                 换刀具 T0303
G00 X24 Z3;                            快速定位至循环起点
G76 P02 15 60 Q0.2 R0.1;               复合循环切削螺纹
G76 X17.4 Z–16 R0 P2.6 Q0.5 F2 S60;
G00 X80 Z100;                          快速退刀至换刀点
T0202 S500;                            换刀具 T0202 ，主轴转速为 500 r/min
G00 X50 Z–79.5;
G01 X0 F0.1;                           切断
G00 X80 Z100 M09;                      快速退刀，关闭冷却液
M05;                                   主轴停
M30;                                   程序结束并返回程序起点
```

3.5.2 轴套类零件的数控车削编程加工实例

【例 3-22】图 3-51 所示为螺纹套零件图，生产类型为单件小批量生产，材料为 45 钢，毛坯尺寸为 $\phi 60 \times 82$ mm。取工件右端面为零点建立工件坐标系，编制零件的数控车削加工程序。

（1）工艺分析

根据图样需加工内外圆柱面、内外圆锥面、凸凹圆弧、内外螺纹、退刀槽。外圆车削和孔车削可采用复合循环，螺纹切削采用螺纹切削复合循环。

(2) 确定装夹方案

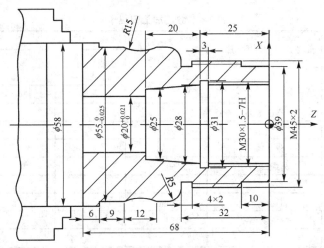

图 3-51 轴套类零件综合实例

棒料伸出三爪卡盘外约 75mm，找正后夹紧。

(3) 确定加工起点、换刀点及工艺路线

加工起点设在 (62, 4)，换刀点设在 (100, 120)。$\phi 55_{-0.025}^{0}$、$\phi 20_{0}^{+0.021}$ 采用中间尺寸编程，$\phi 55_{-0.025}^{0}$ 编程尺寸为 54.988，$\phi 20_{0}^{+0.021}$ 编程尺寸为 20.01，其余尺寸均采用基本尺寸编程。

① 工艺过程如下：

a. 手动车右端面，钻 $\phi 18$mm 通孔；

b. 采用外圆粗车复合循环粗车外圆各部，直径留精车余量 0.2mm，端面留精车余量 0.1mm；

c. 采用外圆粗车复合循环粗车内孔各部，直径留精车余量 0.2mm，端面留精车余量 0.1mm，采用精车循环精车孔各部至要求；

d. 切削 $\phi 31 \times 3$ 内螺纹退刀槽；

e. 采用螺纹车削循环车内螺纹至要求；

f. 采用精车循环精车外圆各部至要求；

g. 切削 4×2 外螺纹退刀槽；

h. 采用螺纹车削循环车外螺纹至要求；

i. 切断刀切断，保证总长 68.5mm；

j. 掉头车左端面保证长度 68mm。

② 刀具设置：

端面车刀　　　　T01

外圆车刀　　　　T02

4mm 宽外切槽刀　T03

60°外螺纹车刀　　T04

镗孔车刀　　　　T05

内切槽车刀　　　T06

60°内螺纹车刀　　T07

(4) 刀具与工艺参数（见表3-6、表3-7）。

表 3-6 数控加工刀具卡

单 位		数控加工刀具卡片		产品名称			零件图号	
				零件名称			程序编号	
序号	刀具号	刀具名称	刀具规格	补偿值		刀补号		
				半径	长度	半径	长度	
1	T01	端面车刀						
2	T02	外圆车刀	93°					
3	T03	外切槽刀	4mm					
4	T04	外螺纹车刀	60°					
5	T05	镗孔车刀	93°					
6	T06	内切槽车刀	3mm					
7	T07	内螺纹车刀	60°					

表 3-7 数控加工工序卡

单 位		数控加工工序卡片		产品名称	零件名称	材 料	零件图号
工序号		程序编号		夹具名称	夹具编号	设备名称	编制	审核
工步号	工步内容		刀具号	刀具规格	主轴转速/(r·min^{-1})	进给速度/(mm·r^{-1})	背吃刀量/mm
1	手动车右端面，钻ϕ18mm通孔		T01		600	0.1	
2	采用外圆粗车复合循环粗车外圆各部，直径留精车余量 0.2mm，端面留精车余量 0.1mm		T02		800	0.25	0.25
3	采用外圆粗车复合循环粗车内孔各部，直径留精车余量 0.2mm，端面留精车余量 0.1mm		T05		600	0.2	
4	采用精车循环精车孔各部至要求		T05		800	0.15	0.5
5	切削ϕ28×3 内螺纹退刀槽		T06		500	0.1	
6	采用螺纹车削循环车内螺纹至要求		T07		80		
7	采用精车循环精车外圆各部至要求		T02		1000	0.15	
8	切削 4×2 外螺纹退刀槽		T03		600	0.1	
9	采用螺纹车削循环车外螺纹至要求		T04		80		
10	切断刀切断，保证总长 75.5mm		T03		600	0.1	
11	掉头车左端面保证长度 70mm						

(5) 参考程序

O0930;
N10 G54 M03 S600;   选 G54 建立坐标系，启动主轴转动
N20 G00 X100 Z120 T0202;   刀具快速定位至换刀点，换 T0202
N30 G00 X62 Z4 M08;   刀具快速定位至切削起点，开冷却液
N40 G71 U2 R1   外圆粗车复合循环粗车外圆
N50 G71 P60 Q150 U0.2 W0.1 F0.25 S800;
N60 G00 X39 Z4;   精加工外轮廓程序段中开始程序段的顺序号
G01 Z-10 F0.15;

```
X44.8;
 Z–32;
G03 X55  Z–37  R5;
G01 Z–41;
G02  Z–53  R15;
G01 Z–62;
X58;
N150 Z–72.5;                       精加工外轮廓程序段中结束程序段的顺序号
G00 X100 Z120;
T0505;
N160 S500;                         主轴转速为500r/min
G00 X12 Z3;
G71 U1.5  R1;                      外圆粗车复合循环粗车内轮廓
G71 P200 Q260 U–0.2 W0.1    F0.2 S600;
N200 G00 Z–68;                     精加工内轮廓程序段中开始程序段的顺序号
G01 X20.01 F0.15;
Z–45;
X25;
X28 Z–25;
X28.5;
N260 Z2;                           精加工内轮廓程序段中结束程序段的顺序号
S800;
G70 P200 Q260;                     精加工内轮廓循环
G00 X100 Z120;                     快速退刀至换刀点
T0606 S500;                        换刀具T0606，主轴转速为500r/min
G00 X20 Z–25;
G01 X31 F0.1;                      切$\phi 31\times 3$退刀槽
X20 F0.2;
G00  Z3;
X100 Z120;                         快速退刀至换刀点
T0707;                             换刀具T0707
G00 X25 Z3;                        快速定位至循环起点
G76 P02 12 60 Q0.2 R0.1            复合循环切削内螺纹
G76 X30 Z–23 R0 P0.974 Q0.5 F1.5 S80;
G00 X100 Z120;                     快速退刀至换刀点
T0202 S1000;
G70 P60 Q150;                      精加工外轮廓循环
G00 X100 Z120;                     快速退刀至换刀点
T0303 S600;                        换刀具T0303，主轴转速为600r/min
G00 X55 Z–32;
G01 X41 F0.1;                      切$4\times 2$退刀槽
X55 F0.2;
G00 X100 Z120;                     快速退刀至换刀点
T0404;                             换刀具T0404
G76 P02 12 60 Q0.2 R0.1            复合循环切削外螺纹
G76 X42.4 Z–29 R0 P1.299 Q0.5 F2   S80;
T0303 S600;                        换刀具T0303，主轴转速为600r/min
G00 X62  Z–72.5;
G01 X0 F0.1;                       切断
G00 X100 Z120 M09;                 快速退刀至换刀点，关闭冷却液
M05;                               主轴停
M30;                               程序结束并返回程序起点
```

【本章小结】

本章详细介绍了数控车床编程的基本指令、车削循环切削指令的编程与加工、刀具补偿功能,并通过实例介绍了 FANUC 0i 系统数控车床的编程与加工。

思考与练习题

一、填空题

1. 指令 G20 G00 X2 表示编程使用的单位为（   ），指令 G21 G00 X2 表示编程使用的单位为（   ）。
2. 主轴恒线速度指令为（   ），进给速度指令为（   ）。
3. 指令 G50 X80 Z30 表示（   ）。
4. 直接机床坐标系 G53 X__Z__中的 X__Z__表示（   ）。
5. G01 U3.0 W–40.0 F100 执行后,刀具移动了（   ）。
6. 指令 G28 X__Z__中的 X__Z__表示（   ），执行该指令的运动方式为（   ）。
7. 指令 G27 X__Z__中的 X__Z__表示（   ）。
8. 编程时可将重复出现的程序编成（   ），使用时可以由（   ）多次重复调用。
9. 圆弧插补指令 G03 X__Z__R__F__中,X、Z 后的值表示圆弧的（   ）。
10. 指令 G90 X30 Z–20 F0.2 表示（   ）。指令 G90 X30 Z–20 R–15 F0.2 表示（   ）。
11. 指令 G94 X20 Z–12 F0.2 表示（   ）。指令 G94 X20 Z–12 R–5 F0.2 表示（   ）。
12. 指令 G92 X60 Z–50 F1.5 表示（   ）。指令 G92 X60 Z–50 R–10 F1.5 表示（   ）。
13. 指令 G32 X30 Z–20 F2 中的 F2 表示（   ）。
14. 指令 G04 P2 表示刀具暂停时间为（   ）。
15. 刀具长度补偿包括（   ）和（   ）。

二、判断题

1. （   ）M05 辅助机能代码常作为主程序结束的代码。
2. （   ）开冷却液有 M07、M08 两个指令,是因为有的数控机床使用两种冷却液。
3. （   ）使用 G54~G59 建立工件坐标系时,该指令可单独指定。
4. （   ）"G00" 指令不受 F 值影响。
5. （   ）M09 是冷却液开启指令。
6. （   ）在数控车床使用刀偏值对刀 T0203 表示:用 02 号刀,对刀时参数输入到刀偏表 03 号刀偏值中。
7. （   ）零件程序的结束部分常用 M02 或 M30 构成程序的最后一段。
8. （   ）数控车床的零点必须设在工件的右端面上。
9. （   ）G00、G01 指令都能使机床坐标轴准确到位,因此它们都是插补指令。
10. （   ）由于数控车床使用直径编程,因此圆弧指令中的 R 值是圆弧的直径。
11. （   ）若子程序内无 M99,则执行程序时,可能会报警或出错。
12. （   ）外圆粗车循环方式适合于加工棒料毛坯除去较大余量的切削。

13. （　　）数控车床的刀具补偿功能有刀尖半径补偿与刀具位置补偿。

三、简答题

1. 数控车床有哪些编程特点？
2. 坐标系设定的指令有哪些？指出其各自的定义。
3. G00 X20.0 Z–45.0 与 G00 U20.0 W–45.0 有什么区别？
4. G29 X__ Z__ 中的 X__ Z__ 表示的含义。
5. G27 X__ Z__ 中的 X__ Z__ 表示的含义。
6. 对于圆弧插补的车削编程，如何区分圆弧的角度大于或小于180°。
7. 子程序的调用格式如何表达，主、子程序有何关联。
8. 单一固定循环的指令有哪些？写出各自的指令格式。
9. 什么情况用刀具长度补偿？什么情况用刀具半径补偿。
10. 如何确定刀具半径补偿的左刀补和右刀补，写出刀具半径补偿的指令格式。
11. 螺纹切削为什么要分为多次进刀？螺纹的背吃刀量如何按经验公式计算？
12. 如何理解复合循环切削？

四、编程题

1. 编写图 3-52 所示零件的精加工程序。

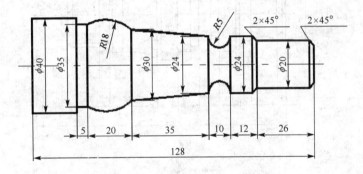

图 3-52　编程题 1　数控车零件的精加工

2. 用 FANUC 0i 系统编写图 3-53 所示零件的粗精加工程序。要求建立工件坐标系，标注工件坐标系的坐标轴方向。

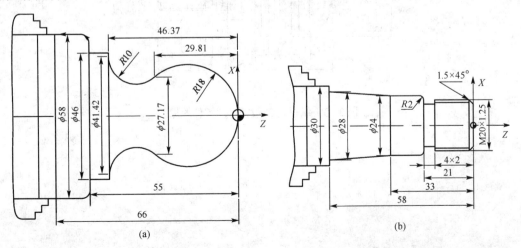

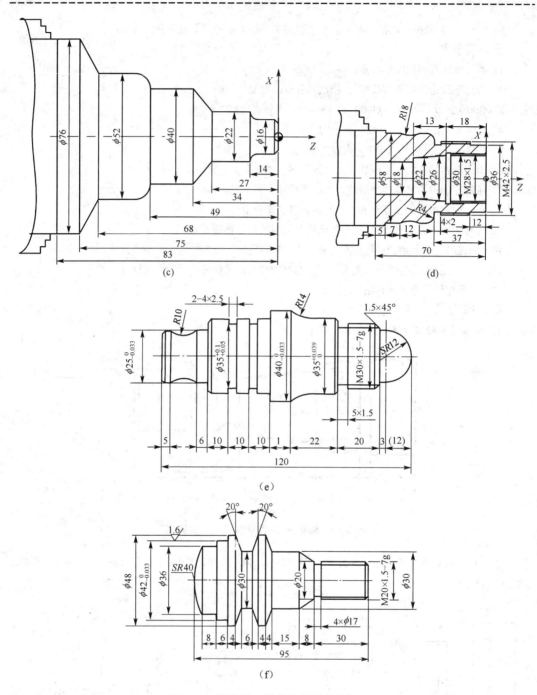

图 3-53 编程题 2 数控车削零件的加工

第4章 数控铣削零件的程序编制

各数控系统的编程原理基本相同,但不同系统的数控铣床的编程指令及指令格式不完全相同。操作者在操作和编程之前,一定要仔细阅读机床生产厂商提供的操作说明书和编程说明书。操作之前,遵守说明书中说明的与机床有关的安全预防措施;编程之前,熟悉厂商提供的编程说明书的各编程指令,才能编制程序控制机床的操作。本章主要讨论了 FANUC 0i Mate—MC 系统的各编程指令。

4.1 数控铣床的分类与编程特点

4.1.1 数控铣床的分类

(1) 根据主轴位置布置的不同分类

① 立式数控铣床。

立式数控铣床的主轴轴线与工作台面垂直,立式数控铣床在数量上一直占据数控铣床的大多数,应用范围也最广。立式数控铣床如图 4-1 所示。三坐标立式数控铣床根据数控系统的控制功能可进行三坐标联动加工,其各坐标的控制方式主要有以下两种:

a. 工作台纵、横向移动并升降,主轴只完成主运动。目前小型数控铣床一般采用这种方式;

b. 工作台纵、横向移动,主轴升降。这种方式一般运用在中型数控铣床中。

立式数控铣床结构简单,工件安装方便,加工时便于观察,但不便于排屑。

② 卧式数控铣床。

卧式数控铣床的主轴轴线与工作台面平行,主要用来加工箱体类零件,其结构如图 4-2

图 4-1 立式数控铣床

图 4-2 卧式数控铣床

所示。一般配有数控回转工作台以实现四轴或五轴加工,从而扩大功能和加工范围。

③ 立卧两用数控铣床。

立卧两用数控铣床的主轴轴线可以变换,使一台铣床具备立式数控铣床和卧式数控铣床的功能。这类机床适应性更强,应用范围更广,尤其适合于多品种、小批量又需立卧两种方式加工的情况,但其主轴部分结构较为复杂。

(2)按数控系统的功能分类

① 经济型数控铣床(见图 4-3)。

经济型数控铣床一般是在普通立式铣床或卧式铣床的基础上改造而来的,采用经济型数控系统,成本低,机床功能较少,主轴转速和进给速度不高,主要用于精度要求不高的简单平面或曲面零件加工。

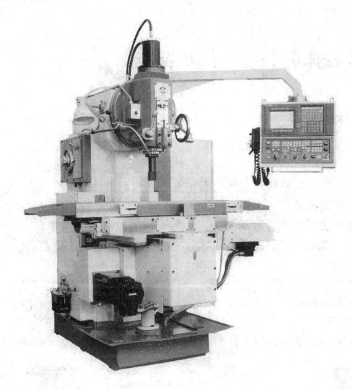

图 4-3 经济型数控铣床

② 全功能数控铣床(见图 4-4)。

全功能数控铣床一般采用半闭环或闭环控制,控制系统功能较强,数控系统功能多,一般可实现四坐标或以上的联动,加工适应性强,应用最为广泛。

③ 高速铣削数控铣床(见图 4-5)。

一般把主轴转速在 8000～40000 r/min 的数控铣床称为高速铣削数控铣床,其进给速度可达 10～30 m/min。这种数控铣床采用全新的机床结构(主体结构及材料变化)、功能部件(电主轴、直线电机驱动进给)和功能强大的数控系统,并配以加工性能优越的刀具系统,可对大面积的曲面进行高效率、高质量的加工。

高速铣削是数控加工的一个发展方向,目前,其技术正日趋成熟,并逐渐得到广泛应用,但机床价格昂贵,使用成本较高。

图 4-4 全功能数控铣床

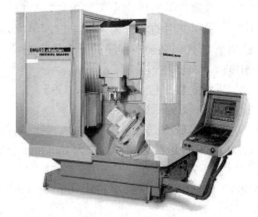
图 4-5 高速数控铣床

4.1.2 数控铣床的编程特点

数控铣床从结构上不同，配置不同的数控系统，其功能也有差别。除各自特点之外，一般具有以下主要功能。

（1）点位控制功能

利用这一功能，数控铣床可以进行只需要作点位控制的钻孔、扩孔、铰孔和镗孔等加工。

（2）连续轮廓控制功能

数控铣床通过直线插补和圆弧插补，可以实现对刀具运动轨迹的连续轮廓控制，加工出有直线和圆弧两种几何要素构成的平面轮廓工件。对非圆曲线构成的平面轮廓，在经过直线和圆弧逼近后也可以加工。除此之外，还可以加工一些空间曲面。

（3）刀具半径自动补偿功能

各数控铣床大都具有刀具半径补偿功能，为程序的编制提供方便。

（4）镜像加工功能

镜像加工也称为轴对称加工。对于一个轴对称形状的工件来说，利用这一功能，只要编出一半形状的加工程序就可完成全部加工了。

（5）固定循环功能

利用数控铣床对孔进行钻、扩、铰和镗加工时，加工的基本动作是相同的，即刀具快速到达孔位——慢速切削进给——快速退回。对于这种典型化动作，可以专门设计一段程序，在需要的时候进行调用来实现上述加工循环。特别是在加工许多相同的孔时，应用固定循环功能可以大大简化程序。

4.2 数控铣床编程的基本指令

4.2.1 单位设定 G 指令

（1）尺寸单位选择　G20、G21

指令格式：G20
　　　　　G21

G20:编程使用的单位为英制单位,单位为英寸。
G21:编程使用的单位为米制单位,单位为毫米,系统默认 G21。
这两个 G 代码必须在程序的开头坐标系设定之前用单独的程序段指令,不能在程序的中途切换。

(2)进给速度单位设定　G94、G95

指令格式：G94　F__;
　　　　　　G95　F__;

G94:每分钟进给速度,单位为 mm/min,通常系统默认 G94,其倍率可用机床操作面板上的倍率开关控制。

G95:每转进给速度,单位为 mm/r（in/r）,使用 G95 时,主轴上必须安装位置编码器。

(3)恒表面切削速度控制 G96 和转速 G97

① 指令格式：G96 S__;
　　　　　　 G97 S__;

G96 S:设定的切削线速度为恒定值,单位为 m/min 或 feet/min。使用恒线速度功能时,主轴必须能自动变速,同时在系统参数中设定主轴的最高限速。

G97 S:取消恒线速度控制,单位为 r/min。

G96、G97 后面的 S,根据机床厂的设定,其速度单位可以被改变。

② 最高主轴速度箝制。

指令格式：G92　S__;S 后指定最高主轴速度单位为 r/min。

如程序段 G92 S3000 指定最高主轴转速为 3000 r/min。

4.2.2　进给速度控制指令

(1)切削进给速度控制 G09、G61、G64、G63、G62

切削进给速度控制主要指刀具在执行到程序段的终点进给速度是否减速。由于机床的实际运动滞后于数控系统的运行,当数控系统的下段程序已经启动时,机床的上一段程序的实际运动并未结束,所以在程序段转接时,会产生两个运动的叠加,当上段程序为沿一个坐标轴的移动,下段程序为沿另一个坐标轴的移动时,两轴相交处不能形成尖角,如图 4-6 所示。

当程序间过渡有严格要求时,可用切削进给速度控制指令。

① 准确停止指令 G09

指令格式：G09 X__Y__;

指令中的 X、Y 后面的值指拐角处交点的坐标值。该功能只对指定的程序段有效。

刀具在程序段的终点减速,执行到位检查,然后执行下个程序段。这样,避免了两个程序段的重叠,从而在工件处能切出尖角棱边。

② 准确停止方式指令 G61

指令格式：G61;

一旦指定 G61,直到指定 G62、G63 或 G64 之前,该功能一直有效。刀具在程序段的终点减速,执行到位检查,然后执行下个程序段。从程序段①到程序②的刀具轨迹见图 4-7。

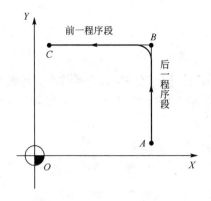
图 4-6　不能尖角过渡

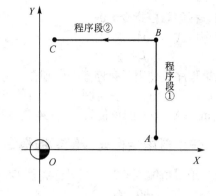
图 4-7　准停方式指令 G61

③ 连续切削方式 G64

指令格式：G64；

一旦指定 G64，直到指定 G61、G62 或 G63 之前，该功能一直有效。刀具在程序段的终点不减速，而执行下个程序段。用 G64 指定从程序段①到程序②的刀具轨迹见图 4-8。

④ 攻丝方式 G63

指令格式：G63；

一旦指定 G63，直到指定 G61、G62 或 G64 之前，该功能一直有效。刀具在程序段的终点不减速，而执行下个程序段。当指定 G63 时，进给速度倍率和进给暂停都无效。

⑤ 内拐角自动倍率 G62

指令格式：62；

一旦指定 G62，直到指定 G61、G63 或 G64 之前，该功能一直有效。当执行刀具半径补偿时，刀具沿着内拐角移动时，自动减速以减小刀具上的负荷，从而加工出光滑的表面。

内拐角角度 θ 见图 4-9：　　　　　$2°\leq\theta\leq\alpha\leq178°$　（α 是设定值）

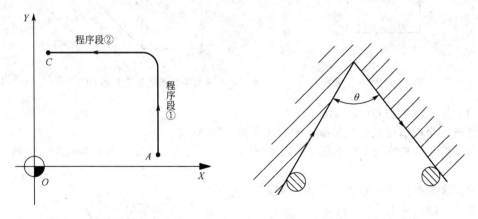

图 4-8　连续切削方式 G64　　　　　图 4-9　内拐角角度

注意：

a. 在插补前加/减速期间，内拐角倍率无效；

b. 如果拐角前有起刀程序段或拐角后有程序段包括 G41 或 G42，则内拐角倍率无效；

c. 如果偏置是零，内拐角倍率不执行。

（2）程序暂停指令 G04

指令格式：G04　X（U）__；

　　　　　G04　P__；

如果程序段使用了暂停指令，则在该程序段的进给速度降到零时开始程序暂停操作，使刀具作短暂停留，以获得圆整而光滑的表面。暂停时间由 P 或 X 后面的数值确定。P 的单位为 ms，$X(U)$ 的单位为 s。G04 是非模态指令。

4.2.3　关于直角坐标与极坐标的指令

（1）绝对值编程 G90、相对值编程 G91

指令格式：G90　G__X__Y__Z__；

　　　　　G91　G__X__Y__Z__；

绝对编程 G90 后面的 X、Y、Z 坐标值，是当前编程点相对于工件坐标系原点的坐标值。如图 4-10 所示，刀具快速定位到 A 点，用 G90 编程可写成：G90 G00 X20 Y30 Z50；

相对编程 G91 后面的 X、Y、Z 坐标值，是当前编程点相对于前一个编程点在工件坐标系中的坐标增量。如图 4-11 所示，刀具由 A 点到 B 点，不考虑刀具的移动方式，用 G91 编程可写成：G91 X50 Y40 Z70。

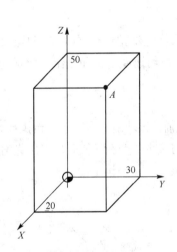
图 4-10　绝对值编程 G90

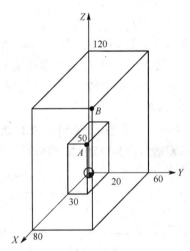
图 4-11　增量值编程 G91

（2）极坐标指令 G15、G16

终点的坐标值可以用极坐标（半径和角度）输入。

角度的正向是所选平面的第 1 轴正向沿逆时针转动的转向，而负向是沿顺时针转动的转向。

半径和角度均可用 G90 或 G91 编程。

格式：G□□　G○○　G16；　　　　　　　启动极坐标指令

　　　G__IP__；　　　　　　　　　　　极坐标指令

　　　……

　　　G15　　　　　　　　　　　　　　　取消极坐标指令

指令中 G□□ 指极坐标指令平面选择 G17、G18、G19。G○○ 指绝对编程方式 G90 或增量编程方式 G91，若为 G90，则指令工件坐标系的零点作为极坐标系的原点，从该点测量半径；若为 G91，则指令当前位置作为极坐标系的原点，从该点测量半径。G__ 指定加工方式，如 G81。

IP：指定极坐标系选择平面的轴地址及其值。第 1 轴：极坐标半径。第 2 轴：极坐标角度。

【例 4-1】 加工如图 4-12 所示螺栓过孔，用 ϕ12.5 的刀具加工孔，用极坐标编程。

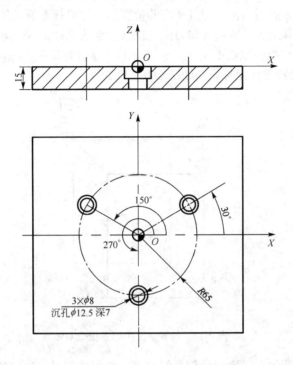

图 4-12 用极坐标 G16 加工螺栓过孔

选工件坐标系的零点为极坐标的原点，选 XY 平面为极坐标平面。

① 用绝对值指令指定角度和半径。

N1 G17 G90 G16；　　　　　　　　指定极坐标指令和选择 XY 平面，设定工件坐标系
　　　　　　　　　　　　　　　　的零点为极坐标系的原点
N2 G81 X65 Y30 Z-18 R-3 F200；　指定距离 65mm，角度 30°的孔，钻孔深度 18mm
N3 Y150；　　　　　　　　　　　　指定距离 65mm，角度 150°的孔
N4 Y270；　　　　　　　　　　　　指定距离 65mm，角度 270°的孔
N5 G15 G80；　　　　　　　　　　　取消极坐标指令

② 用增量值指令角度，用绝对值指令半径。

N1 G17 G90 G16；　　　　　　　　指令极坐标指令和选择 XY 平面，设定工件坐标系的原点为极
　　　　　　　　　　　　　　　　坐标系的原点
N2 G81 X65 Y30 Z-18 R-3 F200；　指定距离 65mm，角度 30°的孔，钻孔深度 18mm
N3 G91 Y120；　　　　　　　　　　指定距离 65mm，角度增量为 120°的孔
N4 G91 Y120；　　　　　　　　　　指定距离 65mm，角度增量为 120°的孔
N5 G15 G80；　　　　　　　　　　　取消极坐标指令

注意：

a. 在极坐标方式中，对圆弧或螺旋线插补（G02/G03），用 R 指定半径；

b. 在极坐标方式中不能指定任意角度倒角和拐角圆弧过渡。

4.2.4 关于坐标系与坐标平面的指令

（1）设置工件坐标系 G92

指令格式：G92 X__ Y__ Z__ ；

式中：X、Y、Z 后面的值为刀具所在的位置到工件坐标系原点的有向距离。执行 G92 时，移动刀具使刀具上的基准点（如刀尖）位于指定的坐标位置。若刀具当前点不在对刀点上，则加工原点与程序原点不重合，加工出的产品就有误差或报废，甚至出现危险。

图 4-13 所示设置工件坐标系：G92 X60 Y30 Z80。

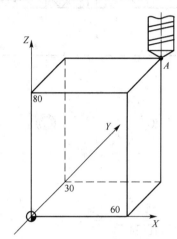

图 4-13　设置加工坐标系指令 G92

G92 指令段一般放在一个零件程序的首段，并保证刀具必须精确移到对刀点上。

（2）工件坐标系选择指令 G54~G59

指令格式：G54

　　　　　G55

　　　　　G56

　　　　　G57

　　　　　G58

　　　　　G59

G54~G59 为 6 个工件坐标系，如图 4-14 所示。

这 6 个工件坐标系皆以机床原点为参考点，其原点值是机床原点到各个坐标系原点的有向距离，工件坐标系的原点在机床坐标系中的值用 MDI 方式预先输入在"坐标系"功能表中，系统自动记忆。当程序执行 G54~G59 中某一个指令后，后续程序段中绝对值编程时的指令值均为相对于此工件原点的值 。更换工件时可省去重复对刀，也不需要修改程序。

① G54~G59 设置加工坐标系的方法是一样的，但在实际情况下，机床厂家为了用户的不同需要，在使用中有以下区别。

利用 G54 设置机床原点的情况下，进行回参考点操作时机床坐标值显示为 G54 的设定值，且符号均为正；利用 G55~G59 设置加工坐标系的情况下，进行回参考点操作时机床坐标值显示零值。

② G92 指令与 G54~G59 指令都是用于设定工件加工坐标系的，但在使用中是有区

别的。

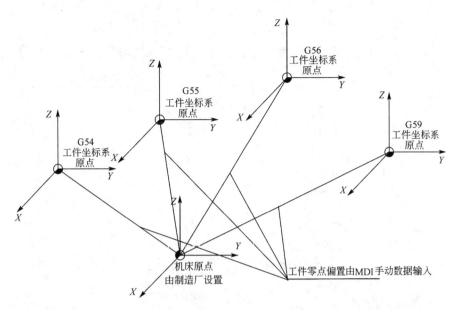

图 4-14 G54~G59 工件坐标系

a. G92 指令是通过程序来设定、选用加工坐标系的，它所设定的加工坐标系原点与当前刀具所在的位置有关，这一加工原点在机床坐标系中的位置是随当前刀具位置的不同而改变的。

b. G54~G59 指令是通过 MDI 在设置参数方式下设定工件加工坐标系的，一旦设定，加工原点在机床坐标系中的位置是不变的，它与刀具的当前位置无关，除非再通过 MDI 方式修改。

本课程所述加工坐标系的设置方法，仅是 FANUC 系统中常用的方法之一，其余不一一列举。其他数控系统的设置方法应按随机说明书执行。

注意：

当执行程序段 G92 X60 Y30 Z80 时，常会认为是刀具在运行程序后到达 X60 Y30 Z80 点上。其实，G92 指令程序段只是设定加工坐标系，并不产生任何动作，这时刀具已通过手动对刀精确定位在加工坐标系中的 X60 Y30 Z80 点上。

（3）局部坐标系设定指令 G52

指令格式：G52 X__ Y__ Z__；　　设定局部坐标系
　　　　　G52 X0 Y0 Z0；　　　　取消局部坐标系

指令中 G52 后面的坐标值 X、Y、Z 为局部坐标系的原点在工件坐标系中的坐标值，工件坐标系的子坐标系称为局部坐标系。局部坐标系如图 4-15 所示。

当局部坐标系设定时，若以绝对值方式 G90 指令，则指令后面的移动坐标值是指在局部坐标系中的坐标值。

在工件坐标系中用 G52 指定局部坐标系的新的零点，可以改变局部坐标系。

注意：

① 局部坐标系设定不改变工件坐标系和机床坐标系。

② 当用 G92 指令设定工件坐标系时，如果未指令所有轴的坐标值，则未指定坐标值的轴的局部坐标系并不取消，而是保持不变。

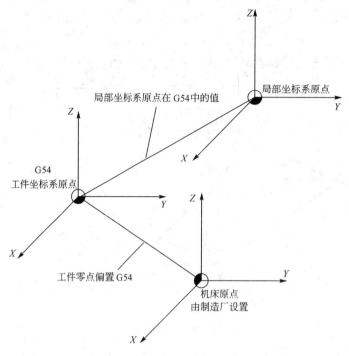

图 4-15 局部坐标系 G52

③ G52 暂时清除刀具半径补偿中的偏置。

④ 绝对值编程方式中，在 G52 程序段以后立即指定运动指令。

（4）直接机床坐标系 G53

指令格式：（G90） G53 X__Y__Z__；

用机床零点作为原点设置的坐标系称为机床坐标系。

X、Y、Z 指在机床坐标系中的坐标值，G53 指令使刀具快速定位到机床坐标系中的指定位置上，指令中的 X、Y、Z 表示在机床坐标系中的坐标值，其尺寸均为负值。

机床通电后执行手动回参考点设置机床坐标系，机床坐标系一旦设定就保持不变，直至断电，机床零点位置见图 4-16 中的 O 点。图 4-16 编程的指令为：G53 X–100 Y–100 Z–20。

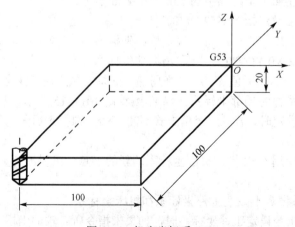

图 4-16 机床坐标系 G53

G53 是非模态 G 代码,指定绝对值,该指令一般用于对刀前刀具的快速移动,当指令刀具移动到机床的特殊位置如:换刀位置,应该用 G53 编制在机床坐标系的移动程序。

注意:

① 当指定 G53 指令时,就清除了刀具补偿(长度和半径)和刀具偏置。

② 指定 G53 之前,必须设置机床坐标系,即必须回参考点。

(5)坐标平面选择 G 指令　G17　G18　G19

指令格式:G17

　　　　　　G18

　　　　　　G19

G17 选择 XY 平面,G18 选择 ZX 平面,G19 选择 YZ 平面,如图 4-17 所示。

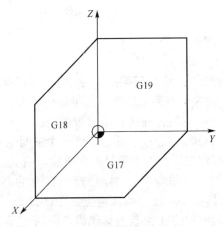

图 4-17　坐标平面选择

G17、G18 、G19 为模态指令,可相互注销,G17 为缺省值。

执行圆弧插补和建立刀具半径补偿功能时,必须用该组指令选择所在平面。

坐标平面选择指令只是决定了程序段中的坐标轴的地址,不影响移动指令的执行。

如 G18 G00 Y__;指 ZX 平面,Y 轴移动,与平面没有任何关系。

4.2.5　刀具定位 G 指令

(1)快速定位指令 G00

指令格式:G00 X__ Y__ Z__;

G00 指令用于刀具的快速定位或加工后的快速退刀,只用于空行程,不能用于工件切削,以快速进给移动到指令中 X、Y、Z 值指定的位置,对于刀具在快速移动前的位置没有要求,因此,在使用 G00 指令时,要防止刀具在移动过程中与工件发生碰撞。其移动轨迹可以是直线,也可以是按各轴各自的快速进给速度移动,这时合成的轨迹通常为折线。

G00 指令着眼于刀具快速移动后的刀具位置。其移动速度由机床参数"快速进给速度"设定,F 指定无效。G00 是模态指令,可由同组其他指令注销,G00 为缺省值。

如图 4-18 刀具快速从 A 点定位到 C 点,其实际轨迹为 A→B→C,其编程轨迹为 A→C。

绝对编程为 G90　G00　X60　Y40;

相对编程为 G91　G00　X45　Y30;

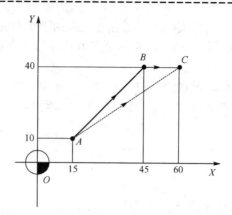

图 4-18 刀具快速定位 G00

（2）单方向定位指令 G60

指令格式：G60 X__ Y__ Z__ ；

为消除机床反向间隙的影响，进行精确定位时，可以使用单方向的准确定位指令 G60。G60 指令后的 X、Y、Z 为单方向定位终点的坐标值。

单方向定位时，每一轴的定位方向由机床参数确定。

执行 G60 时，刀具先以 G00 的速度快速定位到一个中间点暂停，然后以一个固定速度移动到定位终点，中间点与定位终点的距离是一个常量，由机床参数决定，其值称为过冲量。从中间点到定位终点的方向即为单方向定位指令 G60 的定位方向。

如图 4-19 所示，若刀具起始点在 A 点，定位到终点 D 点，则先以 G00 快速定位到中间点 C，再以固定速度定位到终点 D；若刀具起始点在 B 点，定位到终点 D 点，则先以 G00 快速定位到中间点 C，再以固定速度定位到终点 D。C→D 的方向即为单方向定位指令 G60 的定位方向。

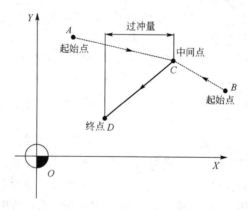

图 4-19 单方向定位 G60

G60 指令仅在其被规定的程序中有效。

（3）自动返回参考点指令 G28

指令格式：G28 X__ Y__ Z__ ；   返回参考点
           G30 P2 X__ Y__ Z__ ；   返回第 2 参考点
           G30 P3 X__ Y__ Z__ ；   返回第 3 参考点
           G30 P4 X__ Y__ Z__ ；   返回第 4 参考点

其中 G28 中的 X、Y、Z 为指定的中间过渡点的坐标值，可以是绝对值/增量值编程。执行 G28 指令，各轴以快速移动速度定位到中间点再回参考点，如图 4-20 所示。为安全起见，执行该指令前，应消除刀具半径补偿和刀具长度补偿。

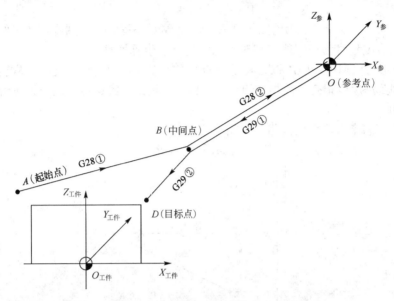

图 4-20　自动返回参考点 G28 和从参考点返回 G29

G30 中的 X、Y、Z 为参考点在工件坐标系中的坐标值。

G28、G30 指令仅在其规定的程序段中有效。

中间点的坐标值存储在 CNC 中，每次只在存储 G28 程序段中指令轴的坐标值，对其他轴使用以前指令过的坐标值。

在没有绝对位置检测器的系统中，只有在执行过自动返回参考点 G28 或手动回参考点后，才能使用返回第 2、3、4 参考点功能。通常当刀具自动交换（ATC）位置与第 1 参考点不同时，使用 G30 指令。

G28、G30 指令一般用于加工中心回参考点自动换刀。

（4）自动从参考点返回目标点指令 G29

指令格式：G29 X__ Y__ Z__;

G29 指令用于将刀具从参考点通过 G28 指定的中间点快速移动到目标点，如图 4-20 所示。

G29 后面的 X、Y、Z 指目标点的坐标值。目标点的坐标值可以用绝对值编程，也可用增量值编程，增量值为目标点相对于中间点的坐标增量。执行 G29 指令，各轴以快速移动速度定位到中间点再到目标点。

（5）返回参考点检查 G27

指令格式：G27 X__ Y__ Z__;

G27 后的 X、Y、Z 绝对值编程时指参考点在工件坐标系中的坐标值，增量值编程时为参考点相对于刀具当前点的坐标增量。

G27 指令刀具以快速移动速度定位。若刀具到达参考点，则参考点指示灯亮；如果不是到参考点，则报警。G27 用于检查刀具是否按程序正确地返回参考点，其作用主要是用于检查工件原点的正确性。

4.2.6 铣削 G 指令的编程与加工

（1）直线插补 G01

指令格式：G01 X__ Y__ Z__ F__；

指令中 X、Y、Z 为直线切削终点的坐标值。绝对编程时为切削终点在工件坐标系中的坐标值，增量编程时为切削终点相对于切削起点的坐标增量。

F 为合成进给速度，G01 以刀具联动的方式，按 F 规定的合成速度，从当前位置按直线路径切削到程序段指令值所指令的终点。如果不指定进给速度，就认为进给速度为零，刀具不移动。

G01 是模态指令，可由同组其他指令注销。

如图 4-21，刀具由起点 A 点直线插补到终点 B 点。

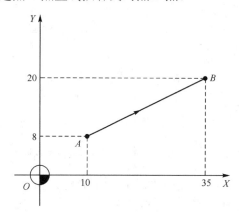

图 4-21 直线插补 G01

用绝对值编程 G90 G01 X35 Y20 F100；
用相对值编程 G91 G01 X25 Y12 F100；

（2）圆弧插补指令 G02、G03

指令格式：

XY 平面内的圆弧　G17 G02（G03）X__ Y__ I__ J__ F__；
　　　　　　或　G17 G02（G03）X__ Y__ R__ F__；
XZ 平面内的圆弧　G18 G02（G03）X__ Z__ I__ K__ F__；
　　　　　　或　G18 G02（G03）X__ Z__ R__ F__；
YZ 平面内的圆弧　G19 G02（G03）Y__ Z__ J__ K__ F__；
　　　　　　或　G19 G02（G03）Y__ Z__ R__ F__；

① 切削方向：G02 顺时针圆弧插补，G03 逆时针圆弧插补。切削方向的判别方法是：从与坐标平面垂直的轴的正方向往负方向看，坐标平面上的圆弧从起点到终点的移动方向是顺时针方向，编程时用 G02；从起点到终点的移动方向是逆时针方向，用 G03 编程。如图 4-22 所示。

② 终点位置：G17 时终点坐标为 X、Y，G18 时终点坐标为 X、Z，G19 时终点坐标为 Y、Z，其值是圆弧切削终点的坐标值。绝对编程时为圆弧切削终点在工件坐标系中的坐标值，增量编程时为圆弧切削终点相对于圆弧切削起点的坐标增量。

③ 圆弧的圆心。

a. 用 I、J、K 指令圆弧的圆心位置。

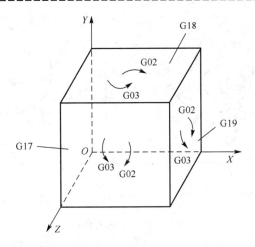

图 4-22 圆弧插补方向 G02、G03

G17 时为 I、J，G18 时为 I、K，G19 时为 J、K。指圆心相对于圆弧的切削起点的坐标增量，与 G90 或 G91 的定义无关，如图 4-23 所示。

b. 用半径 R 指令圆弧的圆心。

如图 4-24，由于过相同起点和终点的圆弧可以有两个，即小于 180°的圆弧和大于 180°的圆弧。为了区分，对于小于 180°的圆弧，R 用正表示；大于 180°的圆弧，R 用负表示；等于 180°圆弧，R 可正可负。

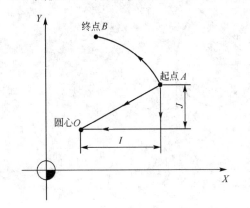
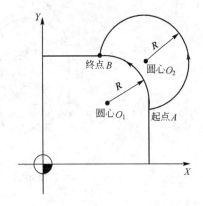

图 4-23 用 I、J 指令圆弧的圆心　　图 4-24 用半径 R 指令圆弧的位置

同一程序段中，若 I、J 或 I、K 和 R 同时出现，则 R 优先，I、J 或 I、K 无效。

c. 整圆的圆心。

由于整圆的起点、终点是同一个点，若用 R 表示圆的位置，则过同一个点，半径等于 R 的圆有无数个，无法唯一确定整圆的圆心位置。

如图 4-25 所示，若加工一个半径为 R、起点和终点均为 A 点的整圆，设刀具沿逆时针方向圆弧插补。若采用 R 方式编程，则过 A 点，半径为 R 的整圆有 O_1、O_2、O_3…O_n，如图 4-25（a）所示，即有无数个，无法唯一确定整圆的圆心位置；若采用 I、J 的方式编程，则圆心的位置唯一确定，即整圆的位置唯一确定，如图 4-25（b）所示。

故只能用 I、J、K 指令整圆的圆心位置。若用 R 编程，则表示指定 0°的圆弧，刀具不移动。

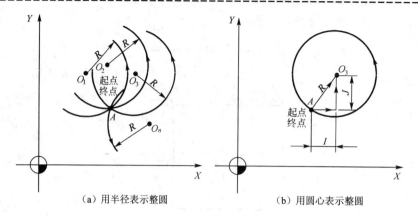

(a)用半径表示整圆　　　　　　　(b)用圆心表示整圆

图 4-25　整圆的圆心表示

【例 4-2】 圆弧切削综合编程。

图 4-26 中 AO、OB 的半径均为 10mm，整圆的半径为 20mm，AO、BO 为 1/2 圆。切削方向与刀具中心轨迹为 C→A→B→A→O→B→D，按图示箭头方向圆弧插补，不考虑刀补，绝对编程的参考程序为：

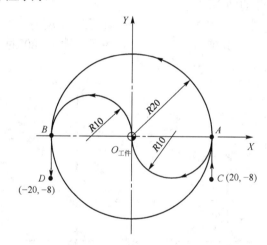

图 4-26　圆弧切削综合编程

O1200;	程序号
G17 G54;	选 XY 平面、选择工件坐标系
M03　S1000;	启动主轴正转，转速 1000r/min
G00 X20 Y–8 Z50;	快速定位到 C 点正方向的安全位置
Z2;	快速下刀到离工件表面 2mm 处
G01 Z–3 F100;	直线下刀，切深 3mm
Y0;	C→A 切线切入
G03 X20 Y0 I–20;	逆圆弧插补加工整圆 O
G02 X0 R10;	顺圆弧插补加工半圆 AO
G03 X–20 R10;	逆圆弧插补加工半圆 OB
G01 Y–8;	切线退刀
Z5;	抬刀
G00 Z50;	快速抬刀到安全距离
M05;	主轴停
M30;	程序结束并返回程序起点

刀具中心轨迹为 C→A→B→A→O→B→D，不考虑刀补，相对编程的参考程序如下：

O1250;	程序号
G17 G54;	选XY平面，选择工件坐标系
M03 S1000;	启动主轴正转，转速1000/min
G00 X20 Y-8 Z50;	快速定位到C点正上方的安全位置
Z2;	快速下刀到离工件表面2mm处
G91 G01 Z-5 F100;	直线下刀，切深3mm
Y8;	C→A切线切入
G03 I-20 ;	逆圆弧插补加工整圆O
G02 X-20 R10;	顺圆弧插补加工半圆AO
G03 X-20 R10;	逆圆弧插补加工半圆OB
G01 Y-8;	切线退刀
Z8;	抬刀
G00 Z45;	快速抬刀到安全距离
M05;	主轴停
M30;	程序结束并返回程序起点

（3）螺旋线插补指令 G02 或 G03

指令格式：

与XY平面圆弧同时移动：G17 G02（G03）X__ Y__ I__ J__ Z__ F__；

或　G17 G02（G03）X__ Y__ R__ Z__ F__；

与ZX平面圆弧同时移动：G18 G02（G03）X__ Z__ I__ K__ Y__ F__；

或　G18 G02（G03）X__ Z__ R__ Y__ F__；

与YZ平面圆弧同时移动：G19 G02（G03）Y__ Z__ J__ K__ X__ F__；

或　G19 G02（G03）Y__ Z__ R__ X__ F__；

指令方法指在圆弧插补的同时，简单地加上一个垂直于插补平面的移动轴。F指沿圆弧的进给速度。直线轴的进给速度如下：

$$F_直 = F \times 直线轴的长度/圆弧的长度$$

注意：

① 螺旋线插补，只对圆弧进行刀具半径补偿。

② 在指令螺旋线插补的程序段中，不能指令刀具偏置和刀具长度补偿。

如图4-27中按起点A→终点B方向螺旋线插补，绝对编程的程序段为：

G90 G03 X0 Y40 R40 Z30 F100;

相对编程的程序段为：

G91 G03 X-40 Y40 R40 Z30 F100;

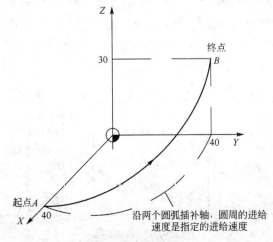

图 4-27　螺旋线插补

（4）螺纹切削 G33

指令格式：G17 G33 X__ Y__ F__；
　　　　　G18 G33 X__ Z__ F__；
　　　　　G19 G33 Y__ Z__ F__；

G33 后面的 X、Y（Z）坐标值为切削终点的坐标值或坐标增量值，F 指长轴方向的导程。

G33 可以切削等螺距的直螺纹，装在主轴上的位置编码器实时读取主轴速度，读取的主轴速度转换成刀具每分钟进给量。

　　　1≤主轴速度≤最大进给速度/螺纹导程
　　　主轴速度：r/min
　　　最大进给速度：mm/min 或 in/min

注意：

① 螺纹切削，从粗到精的所有加工过程中不能用切削进给速度倍率，进给速度倍率为 100%。

② 转换后的进给速度被限制在设定的上限进给速度。

③ 螺纹加工期间，进给暂停无效。若按下进给暂停按钮，机床在螺纹切削完后的下个程序段的终点停止。

如图 4-28，若加工螺纹高度 10mm，螺距 2mm，则程序段为：

G33 Z10 F2；

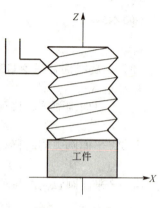

图 4-28　螺纹加工

4.2.7　子程序指令 M98、M99

（1）子程序的概念

在一个加工程序中，若其中有些加工内容完全相同或相似，为了简化程序，可以把这些重复的程序段单独列出，并按一定的格式编写成子程序。主程序在执行过程中如果需要某一子程序，则可通过调用子程序的指令来调用子程序，执行完后又回到主程序，继续执行主程序。

（2）子程序调用指令 M98

指令格式：M98 P*** ****；　　***：调用次数　　****：子程序号
　　　　或 M98 P**** L**；　　**：调用次数　　****：子程序号

子程序结束 M99

（3）主、子程序关系（见图 4-29）

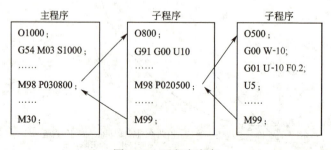

图 4-29　子程序嵌套

主、子程序必须写在同一个文件中,以字母"O"开头,单独作为程序的一行书写。子程序可以调用其他子程序,即多层嵌套。

只要是子程序,不管是主程序中还是子程序中的子程序,必须以 M99 作为程序的结束行,一个子程序可被同一主程序或多个主程序多次调用。

4.3 刀具补偿功能

4.3.1 刀具长度补偿

(1)指令格式

正向偏置:G43 G00(G01)Z__ H__(F__);
负向偏置:G44 G00(G01)Z__ H__(F__);
取消长度偏置:G49;或 G43(G44) H00;

(2)刀具长度补偿功能

刀具长度补偿值是当前刀具与标准刀具的长度差值,如图 4-30 所示。T01 为标准刀,L_0 为标准刀长度,T02、T03 为当前刀,L_1、L_2 为当前刀长度,ΔL_1 为 2 号刀的长度补偿值,ΔL_2 为 3 号刀的长度补偿值。

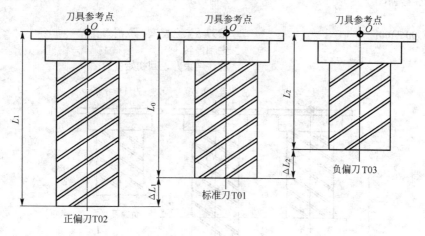

图 4-30 刀具长度补偿功能

设标准刀长度为 L_0,当前刀具长为 L_i,则当前刀的长度补偿值为 $\Delta L_i = L_i - L_0$,各个刀具的长度补偿置放置在偏置存储器中,用 H00~H99 指定偏置号。G43 为刀具长度正向偏置,G44 为刀具长度负向偏置,G49 为取消刀具长度偏置。

实际使用中,鉴于习惯,一般仅使用 G43 指令,很少使用 G44。使用 G43(G44)指令后,一定要用 G49 或 G43(G44)H00 取消刀具长度补偿。刀具长度补偿一般用于加工中心的对刀及编程。机床通电后,自然状态为取消刀具长度补偿。

(3)刀具长度补偿应用

【例 4-3】 如图 4-31 所示,用 T01、T02、T03 分别精铣圆形槽 A、B、C 设标准刀为 T01,正偏刀为 T02,负偏刀为 T03,根据图中可计算出,其刀具长度偏置值为 $H01=0$mm,$H02=22$mm,$H03=-16$mm,其数值预先存放在偏置存储器中。

其参考程序如下：

O1500;	程序号
G54 G90;	选择工件坐标系，绝对编程
G43 H01;	调用1号刀长度补偿
G00 X50 Y0 Z3 M03 S1000;	快速定位到A槽正上方，主轴正转
G01 Z−35 F100;	Z向铣削到槽底
Z3;	退刀
G28 Z100 M05;	回参考点，主轴停
G49	取消刀补
T0202 M06;	换第二把刀
M03 S1000;	主轴正转
G00 X96 Y0 Z50;	定位到B槽正上方
G43 G00 Z3 H02;	下刀，调用第2号刀长度补偿
G01 Z−35 F100;	Z向切削
Z3;	退刀
G28 Z100 M05;	回参考点，主轴停
G49	取消刀补
T0303 M06;	换第3把刀
M03 S1000;	主轴正转
G00 X152 Y0 Z50;	定位到C槽正上方
G43 G00 Z3 H03;	下刀，调用第3号刀长度补偿
G01 Z−35 F100;	Z向切削
Z3;	退刀
G49 G00 Z100;	抬刀至安全位置，取消刀补
M05;	主轴停转
M30	程序结束并返回初始位置

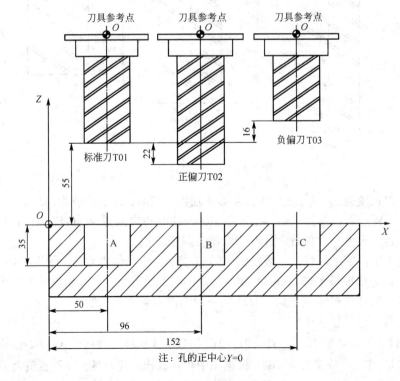

图 4-31　刀具长度偏置补偿

4.3.2 刀具半径补偿

（1）刀具半径补偿

铣刀的基准点和刀位点都在刀具的中心线上。实际加工中生成的零件轮廓是由刀刃的切削点形成的。一般把铣刀中心轨迹与工件的实际尺寸之间的距离称为刀具半径补偿。为了加工符合要求的零件轮廓，其加工程序若偏离零件轮廓一个刀具半径值来编程，则需要计算刀具中心轨迹；若按零件轮廓来编程，则让数控系统自动偏离零件轮廓一个刀具半径，即刀具半径补偿功能。

（2）指令格式

XY 平面补偿：　　G17 G41/G42 G01（G00）X__ Y__ F__ D__；
XZ 平面补偿：　　G18 G41/G42 G01（G00）X__ Z__ F__ D__；
YZ 平面补偿：　　G19 G41/G42 G01（G00）Y__ Z__ F__ D__；
取消半径补偿：　　G40 G01（G00）X__ Y__（Z__）F__；

G41 是刀具半径左补偿，即沿刀具进给方向看，刀具处于工件轮廓的左边，用 G41 刀具半径左补偿；G42 是刀具半径右补偿，即沿刀具进给方向看，刀具处于工件轮廓的右边，用 G42 刀具半径右补偿，如图 4-32 所示。刀具半径补偿应用见图 4-33。

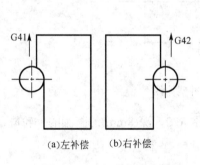

图 4-32　刀具半径左右补偿

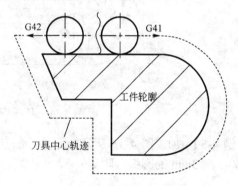

图 4-33　刀具半径补偿应用

刀具半径补偿指在平面内的补偿，其补偿平面与偏置平面相同。G17 后面的补偿量在 XY 平面上，G18 后面的补偿量在 XZ 平面上，G19 后面的补偿量在 YZ 平面上。

各个刀具的偏置量存放在偏置存储器中，用 D00～D99 来指定偏置号。

注意：

① 执行 G41/G42 前，一定要将刀具半径值存入参数表，补偿只能在所选的插补平面内进行。

② 刀具半径补偿指令不能写在 G02/G03 程序段中，只能在直线段进行。

③ 程序结束前，必须用 G40 取消刀具半径补偿。

④ G41、G42、G40 为模态指令，机床初始状态为 G40。

（3）刀具半径补偿应用

【例 4-4】 图 4-34 所示加工零件的外轮廓，刀具轨迹为 A→B→C→D→E→F→G→A，设切削深度为 5mm，刀具半径补偿 D01=8mm，参考程序如下：

O1600；　　　　　　　　　　　　　　程序号
G54 G90 M03 S1000；　　　　　　　　选择工件坐标系。启动主轴正转，转速 1000r/mm
G00 X–40 Y–40 Z100；　　　　　　　刀具快速定位到 A 点正上方安全高度
G00 G41 X30 Y0 Z2 D01；　　　　　　加刀补，刀具快速定位到 B 点

```
G01 Z–5 F100;              切深 5mm
G61;                       执行准确停止方式
Y85;                       铣削直线 BC
X120;                      铣削直线 CD
X145 Y62;                  铣削斜线 DE
Y20;                       铣削直线 EF
G64 X10;                   连续切削方式铣削直线 FG
Z2;                        抬刀
G00 G40 Z100;              取消刀补,快速抬刀到安全高度
M05;                       主轴停
M30;                       程序结束并返回程序起点
```

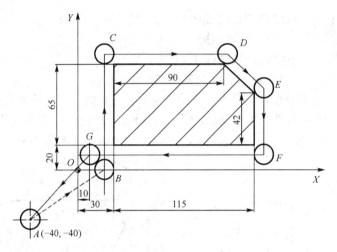

图 4-34　刀具半径左补偿编程

【例 4-5】加工图 4-35 所示的零件,加工半径 R20、深 8mm 的整圆的外轮廓,加工 2×R10,深 3mm 的圆弧台阶。

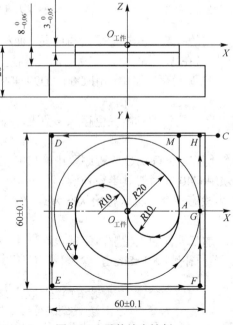

图 4-35　零件综合铣削

分析零件的结构，采用 $\phi16mm$ 的立铣刀，加工半径 $R20$、深 8mm 的整圆的外轮廓时，采用子程序，刀具中心轨迹如图为 $C→D→E→F→G→G→H$，$C→D→E→F$ 采用刀具中心轨迹编程，$F→G→G→H$ 采用刀具半径右补偿编程。加工 $2×R10$、深 3mm 的圆弧台阶采用刀具半径左补偿编程，刀具轨迹如图，为 $A→O→B→K$。参考程序如下：

O1800;	主程序号
G54 G90 M03 S1000;	选择工件坐标系，启动主轴正转，转速 1000r/mm
G00 X35 Y29 Z100;	安全高度
Z3;	刀具快速定位到 C 点正上方离工件表面 3mm
G01 Z0 F80;	刀具直线插补到工件表面
G01 X29 F100;	刀具从 C→H 直线插补
M98 P200 L2;	2 次调用程序号为 200 的子程序粗加工整圆的外轮廓
Z–4.47;	抬刀到工件表面下方 4.47mm
M98 P200;	调用程序号为 200 的子程序精加工整圆的外轮廓
Z–2.5;	抬刀到工件表面下方 2.5mm
G01 G41 X20 Y0 D01 F120;	加刀补，刀具直线插补到 A 点
G02 X0 R10;	顺时针加工半圆 AO
G03 X–10 R10;	逆时针加工半圆 OB
G01 Y–20 F150;	B→K 直线插补退刀
Z3;	抬刀
G00 X20 Y29;	刀具快速定位到 M 点
G01Z–2.975 F100;	直线插补到工件下方 2.975mm
X20 Y0;	直线插补到 A 点
G02 X0 R10;	顺时针加工半圆 AO
G03 X–10 R10;	逆时针加工半圆 OB
G01 Y–20;	B→K 直线插补退刀
Z3;	抬刀
G00 G40 Z100;	取消刀补，快速抬刀到安全高度
M05;	主轴停
M30;	程序结束并返回程序起点
O200;	子程序号
G91 G01 Z–3.5 F100;	增量编程，直线插补，切入深度 3.5mm
G90 G01 X–29 F120;	H→D 直线插补
Y–29;	D→E 直线插补
X29;	E→F 直线插补
G42 X20 Y0 D01;	刀补，刀具快速定位到 A 点
G03 I–20;	加工 R20 的整圆
G01 Y20;	圆弧切线切出
G40 X29 Y29;	刀具定位到 H 点，取消刀补
M99;	子程序结束，返回主程序

4.4 简化编程指令的编程与加工

4.4.1 比例缩放 G51、G50

使用缩放功能指令可用同一程序加工出形状相同，尺寸不同的工件。

（1）指令格式

各轴缩放比例相同：G51 X__ Y__ Z__ P__；
M98 P__ L__；
G50；

各轴缩放比例不同：G51 X__ Y__ Z__ I__ J__ K__；
M98 P__ L__；
G50；

（2）比例缩放功能

指令格式中：G51 表示缩放，后面的 X、Y、Z 指图形缩放的中心点的坐标值，用绝对值指定，P 为缩放倍数，表示各轴缩放倍数相同，I、J、K 分别为 X、Y、Z 轴对应的缩放倍数。G51 指令既可指定平面缩放，也可指定空间缩放，G50 是取消缩放指令。

指定图形缩放中心点及倍数后，一定要调用缩放前的零件的子程序，才能加工缩放的零件，加工完后，用 G50 取消缩放。

【例 4-6】 放大图形编程。如图 4-36 所示，设图形缩放中心点坐标为（40，40），按同一倍数 1.5 倍将内圈放大为外圈图形，其参考程序如下：

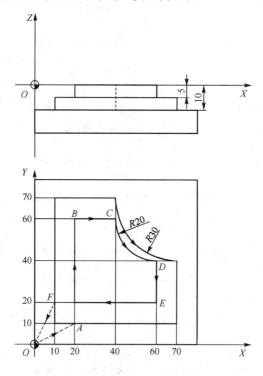

图 4-36 图形缩放

O1900；	主程序号
G54 G90	选择工件坐标系，绝对编程
G00 X0 Y0 Z5；	刀具快速定位到工件坐标系原点
M03 S1000；	启动主轴正转
G01 Z–5 F100；	内圈切深 5mm
M98 P100；	调用程序号为 100 的子程序加工内圈
Z–10；	外圈切深 5mm
G51 X40 Y40 P1.5；	按 1.5 倍放大图形

```
M98 P100;                        调用程序号为 100 的子程序加工外圈
G50;                             取消缩放功能
G00 Z100;                        快速抬刀
M30;                             主程序结束

O100;                            内圈切削子程序
G41 G00 X20 Y10 D01;             左刀补将刀具快速定位至 A 点
G01 Y60 F100;                    铣内圈边 AB
X40;                             铣内圈边 BC
G03 X60 Y40 R20 F80;             铣 R20 的圆弧 CD
G01 Y20;                         铣内圈加工 DE
X10;                             铣内圈加工 EF
G40 G00 X0 Y0;                   取消刀补回坐标系原点
M99;                             子程序结束返回主程序
```

4.4.2 坐标系旋转 G68、G69

（1）坐标系旋转

当一个零件由若干个形状相同的图形组成，且各个图形分布在一个图形绕某一旋转中心点旋转可得到的位置上时，则在编程位置编写出一个图形的子程序，再利用旋转变换功能，用 M98 指令调用子程序，即可加工旋转的零件。

（2）指令格式

G68 α__ β__ P__;
M98 P__ L__;
G69;

G68 后面的 α、β 指旋转中心点的坐标值，G17 平面为 X、Y；G18 平 X、Z；G19 平面为 Y、Z。P 为图形旋转的角度，单位为 "°"，逆时针旋转角度为正，顺时针旋转角度为负，G69 取消旋转变换。

若有刀具补偿，先旋转，后补偿；若有缩放功能，先缩放后旋转。

【例 4-7】 如图 4-37，图形②由图形①绕 O 点逆时针旋转 40°得到，图形③由图形①绕 O 点逆时针旋转 90°得到，加工图形①、②、③的参考程序如下：

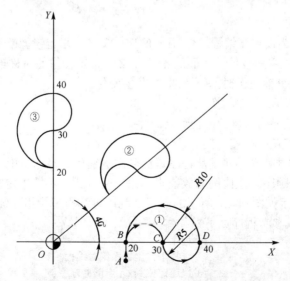

图 4-37 旋转变换指令编程

```
O2000;                          程序号
G54 G90 M03 S1000;              选择工件坐标系，主轴正转
G00 X0 Y0 Z5;                   刀具快速定位到工件坐标系原点
M98 P300;                       调用程序号为 300 的子程序加工图形①
G68 X0 Y0 P40;                  指定旋转后图形②的位置
M98 P300;                       调用程序号为 300 的子程序加工图形②
G69;                            取消旋转变换
G68 X0 Y0 P90;                  指定旋转后图形③的位置。
M98 P300;                       调用程序为 300 的子程序加工图形③
G69;                            取消旋转变换
M05;                            主轴停
M30;                            主程序结束

O300;                           切削图形①的子程序
G00 X20 Y-5;                    刀具快速定位到 A 点
G01 Z-3 F100;                   切深 3mm
Y0;                             直线切削 AB
G02 X30 Y0 I5;                  顺圆弧切削半圆 BC
G03 X40 Y0 I5;                  逆圆弧切削半圆 CD
G03 X20 Y0 I-10;                逆圆弧切削半圆 DB
G01 Y-5;                        直线退刀至 A 点
G00 Z5;                         抬刀
M99;                            子程序结束并回到主程序
```

4.4.3 可编程镜像 G51.1、G50.1

（1）可编程镜像功能

当零件轮廓相对于某一坐标轴具有对称形状时，可利用镜像功能和子程序的方法，只对工件的一部分进行编程，就能加工出工件的整体，这就是镜像功能。

（2）指令格式

G51.1 X__ Y__ Z__;
M98 P__ L__;
G50.1 X__ Y__ Z__;

指令中的 G51.1 为设置可编程镜像，后面的 X、Y、Z 为指定镜像的对称点（位置）和对称轴。G50.1 为取消可编程镜像，后面的 X、Y、Z 为指定镜像的对称轴，不指定对称点。

在指定平面对某个轴镜像时，使下列指令发生变化：

① 圆弧指令 G02 /G03 被互换；
② 刀具半径补偿 G41/ G42 被互换；
③ 坐标旋转 CW /CCW 被互换。

注意：CNC 的数据处理顺序是从程序镜像到比例缩放和坐标系旋转，应按该顺序指定指令，取消时按相反顺序。在比例缩放或坐标系旋转方式，不能指定 G50.1 或 G51.1。

【例 4-8】 欲加工如图 4-38 所示的图形，利用可编程镜像指令编程，设切削深度为 5mm，$D01=8mm$，其参考程序如下：

```
O2100;                          程序号
G54 G90;                        选择工件坐标系绝对编程
G00 X60 Y60 Z25;                快速定位到 $O_1$ 点正上方
```

Z5 M03 S1000;	定位到 O_1 点上方 5mm 处，主轴正转
M98 P400;	调用程序号为 400 的子程序加工轮廓①
G51.1 X60;	指定镜像后轮廓②的位置
M98 P400;	调用程序号为 200 的子程序加工轮廓②
G50.1 X60;	取消镜像
G51.1 X60 Y60;	指定镜像后轮廓③的位置
M98 P400;	调用程序号为 200 的子程序加工轮廓③
G50.1 X60Y60;	取消镜像
G51.1 Y60;	指定镜像后轮廓④的位置
M98 P400;	调用程序号为 200 的子程序加工轮廓④
G50.1 Y60;	取消镜像
M05;	主轴停
M30;	主程序结束
O400;	铣轮廓①的子程序
G41 G00 X80 Y70 D01;	左刀补快速定位到 A 点
G01 Z-5 F100;	切深 5mm
Y110;	直线切削 AB
X95;	直线切削 BC
G03 X110 Y95 I15;	逆圆弧切削 CD
Y80;	直线切削 DE
X70;	直线切削 EF
G00 Z25;	抬刀
G40 X60 Y60;	取消刀补，刀具定位到 O 点正上方
M99;	子程序结束回到主程序

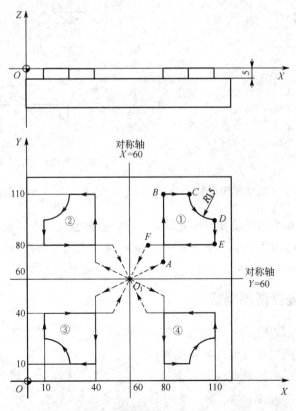

图 4-38 镜像指令的编程与加工

4.5 孔加工固定循环

4.5.1 孔加工的动作

数控加工中的孔加工，其动作循环已经典型化，通常由 5~6 个顺序动作组成。如图 4-39 可分解成以下几个顺序动作。

动作 1：孔中心的快速定位。

动作 2：快速移动到 R 点，R 点离工件表面有一个引入距离，已加工表面上加工孔，引入距离为 2~5mm；毛坯面上加工孔，引入距离为 5~10mm。

动作 3：孔加工，包括一次加工和间歇进给。

动作 4：孔底的动作，包括暂停、主轴反转、停止或不动作。

动作 5：返回到 R 点，快退或慢退。

动作 6：快速移动到初始点。

固定循环的平面如图 4-40 所示。初始点所在的平面称为初始平面，R 点所在的平面称为 R 点平面，刀具加工到孔底所在的面为孔底平面。

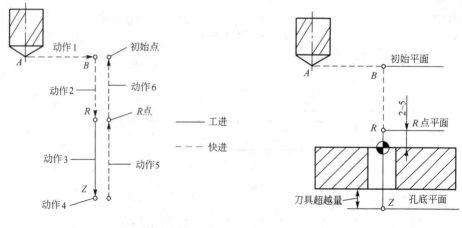

图 4-39　固定循环动作　　　　图 4-40　固定循环平面

孔加工的这 5~6 个顺序动作已预先编好程序，存储在内存中，可用包含 G 代码的一个程序段调用，从而简化编程。包含典型动作循环的 G 代码称为循环指令，又称为固定循环指令，可用 G90 或 G91 编程。

4.5.2 固定循环编程通用格式

指令格式：G90（G91）G98（G99）G73（~G89）X__ Y__ Z__ R__ Q__ P__ F__ K__；

G98：使刀具退回时直接返回到初始平面。

G99：使刀具退回时返回到 R 点平面。

G73~G89 孔加工方式。

X、Y 指 G17 指令平面上的中心点的坐标值（若为 G18 则中心为 X、Z；为 G19 则中

心为 Y、Z)。

Z 在 G90 编程时为孔底的 Z 坐标，G91 编程时为孔底相对于 R 点的坐标增量。
R 在 G90 编程时为 R 点的坐标，G91 编程时为 R 点相对于初始点的 Z 坐标增量。
Q 为每次切削进给的切削深度或镗孔时孔底的偏移量。
P 为孔底的暂停时间，单位 ms。
F 为切削进给速度，在 G74 和 G84 中指螺距。
K 为孔加工的重复次数。

4.5.3 固定循环的加工方式说明

固定循环的功能指令见表 4-1。

表 4-1 固定循环

G 代码	钻削（−Z 方向）	在孔底的动作	回退（+Z 方向）	应用
G73	间歇进给	—	快速移动	高速深孔钻循环
G74	切削进给	停刀→主轴正转	切削进给	左旋攻丝循环
G76	切削进给	主轴定向停止	快速移动	精镗循环
G80	—	—	—	取消固定循环
G81	切削进给	—	快速移动	钻孔循环钻中心孔
G82	切削进给	停刀	快速移动	钻孔循环、锪镗循环
G83	间歇进给	—	快速移动	深孔钻循环
G84	切削进给	停刀→主轴反转	切削进给	攻丝循环
G85	切削进给	—	切削进给	镗孔循环
G86	切削进给	主轴停止	快速移动	镗孔循环
G87	切削进给	主轴正转	快速移动	背镗循环
G88	切削进给	停刀→主轴停止	手动移动	镗孔循环
G89	切削进给	停刀	切削进给	镗孔循环

（1）高速排屑钻孔循环 G73
指令格式：G98（G99）G73 X__ Y__ Z__ R__ Q__ F__ K__ ；
Q 为每次切削进给的切削深度，K 为重复次数。
孔加工动作如图 4-41 所示，该循环执行高速排屑钻孔，沿 Z 轴执行间歇进给直到孔底，同时切屑从孔中排出。

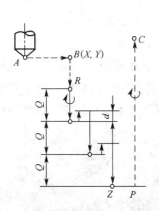

图 4-41 高速排屑钻孔循环 G73

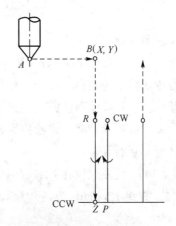

图 4-42 左旋攻丝循环 G74

【例 4-9】 高速排屑钻孔循环。如图 4-43 所示，设孔的位置 #1（100，100），#2（100，260），#3（100，420），#4（700，100），#5（700，260），#6（700，420），孔深 h=50mm，R=5mm，孔径为 ϕ16，采用 ϕ16 的钻头，参考程序如下：

```
O2200;
M03 S2000;
G00 Z50;
G90 G99 G73 X100 Y100 Z-55 R5 Q10 F120;   定位钻 1 孔，返回 R 点
Y260;                                      定位钻 2 孔，返回 R 点
Y420;                                      定位钻 3 孔，返回 R 点
X700 Y100;                                 定位钻 4 孔，返回 R 点
Y260;                                      定位钻 5 孔，返回 R 点
G98 Y420;                                  定位钻 6 孔，返回初始平面
G80 G28 X0 Y0;                             取消固定循环，返回参考点
M05;                                       主轴停
M30;                                       程序结束
```

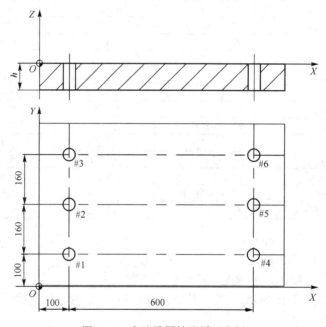

图 4-43 高速排屑钻孔循环实例

（2）左旋攻丝循环 G74

指令格式：G98（G99）G74 X__ Y__ Z__ R__ P__ F__ K__；

指令中 P 为暂停时间，孔加工动作如图 4-42 所示，该循环执行左旋螺纹，主轴逆时针旋转攻丝。在左旋攻丝循环中，当到达孔底时，主轴暂停后顺时针旋转，到 R 点又执行主轴反转。左螺纹攻丝期间，进给倍率被忽略。按进给暂停键不停止机床，直到完成回退动作机床才停止运行。

【例 4-10】 设左螺纹孔 M12 的中心位置如图 4-43 所示，攻丝深度 h=20mm，R=5mm，丝锥 M12，螺距 1.5 mm，参考程序如下：

```
O2300;
M04 S100;                                  主轴反转，转速 100r/min
G00 Z50;
```

G90 G99 G74 X100 Y100 Z–25 R5 P2000 F1.5;	攻左螺纹#1 孔，螺距 1.5，停 2s
Y260;	攻丝#2 孔，回 R 点平面
Y420;	攻丝#3 孔，回 R 点平面
X700 Y100;	攻丝#4 孔，回 R 点平面
Y260;	攻丝#5 孔，回 R 点平面
G98 Y420;	攻丝#6 孔，回初始平面
G80 G28 X0 Y0;	取消固定循环,回参考点
M05;	主轴停
M30;	程序结束

（3）精镗循环 G76

指令格式：G98（G99）G76 X__ Y__ Z__ R__ Q__ P__ F__ K__;

指令中 Q 指孔底的偏移量，指定为正值。P 指在孔底的暂停时间，F 指切削进给速度，K 重复次数。

孔加工动作如图 4-44 所示，精镗循环镗削精密孔，到达孔底时，主轴在固定的旋转位置停止，切削刀具离开工件的被加工表面并退刀。

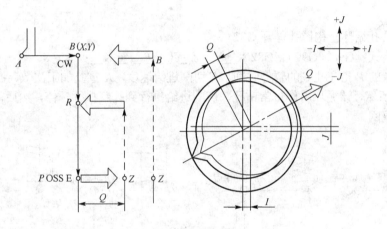

图 4-44　精镗循环 G76

P—进给暂停；OSS—主轴准停；Q—偏移量；CW—主轴正转；⇨刀具偏移

【例 4-11】 设精镗孔的中心位置如图 4-43 所示，孔深 h=40mm，R=5mm，G76 精镗孔的参考程序如下：

O 2300;	
M03 S500;	
G00 Z50;	
G90 G99 G76 X100 Y100 Z–42 R5 Q5 P1000 F120;	定位镗#1 孔，孔底暂停 1s，定向移动 5mm
Y260;	镗#2 孔，返回 R 点
Y420;	镗#3 孔，返回 R 点
X700 Y100;	镗#4 孔，返回 R 点
Y260;	镗#5 孔，返回 R 点
G98 Y420;	镗#6 孔，返回初始平面
G80 G28 X0 Y0;	取消精镗循环，回参考点
M05;	主轴停
M30;	程序结束

(4) 钻孔循环、钻中心孔循环 G81

指令格式：G98（G99）G81 X__Y__Z__R__F__K__；

孔加工动作如图 4-45 所示，该循环用作正常钻孔。切削进给执行到孔底，然后刀具从孔底快速移动退回。

【例 4-12】 钻孔循环 G81 加工。设孔的中心位置如图 4-43 所示，钻孔深度 $h=20$mm，$R=5$mm，钻 2 次，参考程序如下：

```
O2400；
M03 S600；
G00 Z50；
G90 G99 G81 X100 Y100 Z–25 R5 F120 K2；   定位，钻#1 孔
Y260；                                     钻#2 孔
Y420；                                     钻#3 孔
X700 Y100；                                钻#4 孔
Y260；                                     钻#5 孔
G98 Y420；                                 钻#6 孔
G80 G28 X0 Y0；                            回参考点
M05；                                      主轴停
M30；
```

(5) 钻孔循环、锪镗孔循环 G82

指令格式：G98（G99） G82 X__Y__Z__R__P__F__K__；

指令中的 P 指在孔底的暂停时间，F 切削进给速度，K 重复加工次数，孔加工的动作如图 4-46 所示，该循环用作正常钻孔，切削进给执行到孔底执行暂停，然后，刀具从孔底快速移动退回。

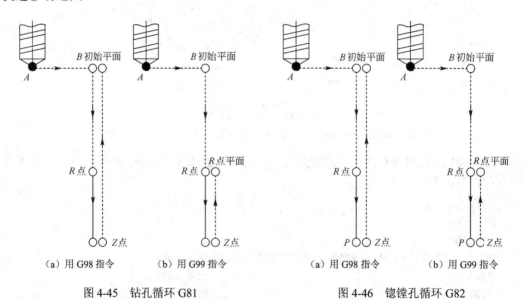

图 4-45　钻孔循环 G81　　　　　图 4-46　锪镗孔循环 G82

【例 4-13】 设盲孔的中心位置如图 4-43 所示，盲孔深度 $h=20$mm，$R=5$mm，采用 G82 加工，参考程序如下：

```
O2500；
M03 S500；
G00 Z50；
G90 G99 G82 X100 Y100 Z–20 R5 P1000 F120；      定位钻#1 孔，孔底暂停 1s
```

Y260；	钻#2孔
Y420；	钻#3孔
X700 Y100；	钻#4孔
Y260；	钻#5孔
G98 Y420；	钻#6孔
G80 G28 X0 Y0；	取消固定循环，回参考点
M05；	
M30；	

（6）排屑钻孔循环 G83

指令格式：G98（G99）G83 X__Y__Z__R__Q__F__K__；

指令中 Q 为每次切削进给的切削深度，必须指定正值；F 为切削进给速度；K 为重复加工次数。

孔加工的动作如图 4-47 所示，该循环执行深孔钻，执行间歇切削进给到孔的底部，快速移动到 R 点；第二次和以后的切削进给中，从 R 点执行快速移动到上次钻孔结束之前的 d 点，再次执行切削进给。

【例 4-14】孔的中心位置如图 4-43 所示，孔深 $h=40mm$，$R=5mm$，试用 G83 指令加工，参考程序如下：

O2600；	
M03 S1000；	
G00 Z50；	
G90 G99 G83 X100 Y100 Z–45 R5 Q10 F120；	定位钻#1孔，每次切深 10mm
Y260；	钻#2孔
Y420；	钻#3孔
X700 Y100；	钻#4孔
Y260；	钻#5孔
G98 Y420；	钻#6孔
G80 G28 X0 Y0；	取消固定循环，回参考点
M05；	主轴停
M30；	

（7）右旋攻丝循环 G84

指令格式：G98（G99）G84 X__Y__Z__R__P__F__K__；

指令中 F 指切削进给速度，K 指重复次数，P 为在孔底的暂停时间。

孔加工的动作如图 4-48 所示，该循环执行攻丝，为右旋螺纹，主轴顺时针旋转攻丝，当到达孔底时，主轴先暂停，然后主轴逆时针方向旋转退回，攻丝期间进给倍率被忽略，进给暂停不停止机床，直到返回动作完成。

【例 4-15】设右螺纹孔的中心位置如图 4-43 所示，攻丝深度 $h=20mm$，$R=5mm$，螺距 1.5，利用 G84 编程，参考程序如下：

O2700；	
M03 S100；	
G00 Z50；	
G90 G99 G84 X100 Y100 Z–20 R5 P2000 F1.5；	攻右螺纹#1孔、螺距 1.5，暂停 2s
Y260；	攻#2孔
Y420；	攻#3孔
X700 Y100；	攻#4孔
Y260；	攻#5孔

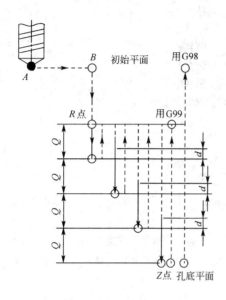
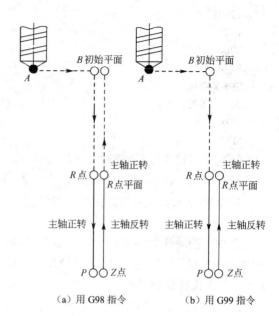

图 4-47 排屑钻孔循环 G83　　　　　图 4-48 攻丝循环 G84

```
G98 Y420；                         攻#6孔
G80 G28 X0 Y0；
M05；
M30；
```

（8）精镗孔循环 G85

指令格式：G98（G99）G85　X__Y__Z__R__F__K__；

孔加工动作如图 4-49 所示，该循环用于镗孔，快速定位到 R 点以后，从 R 点到 Z 点执行镗孔，到达孔底时，切削进给返回 R 点，G85 用于精镗孔。

【例 4-16】 G85 镗孔循环编程，孔中心位置如图 4-43 所示，孔深 h=40mm，R=5mm，镗三遍，参考程序如下：

```
O2800；
M03 S1000；
G00 Z50；
G90 G99 G85 X100 Y100 Z-42 R5 F120 K3；   快速定位，镗#1孔三遍
Y260；                                     镗#2孔
Y420；                                     镗#3孔
X700 Y100；                                镗#4孔
Y260；                                     镗#5孔
G98 Y420；                                 镗#6孔
G80 G28 X0 Y0；                            取消固定循环，回参考点
M05；
M30；
```

（9）粗镗孔循环 G86

指令格式：G98（G99）G86 X__Y__Z__R__F__K__；

G86 的孔加工动作如图 4-50 所示，刀具快速移动到 R 点，然后从 R 点到 Z 点执行镗

孔，主轴到达孔底后，主轴停止，然后刀具以快速移动退回，重新启动主轴。G86 用于粗镗孔。

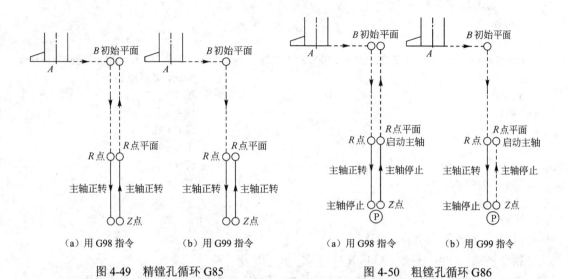

图 4-49　精镗孔循环 G85　　　　　图 4-50　粗镗孔循环 G86

（10）背镗孔循环 G87

指令格式：G98 G87 X__Y__Z__R__Q__P__F__K__；

指令中 Q 指刀具偏移量，必须指定为正值；P 指孔底暂停时间。

G87 的孔加工动作如图 4-51 所示，该循环执行精密镗孔，沿 X、Y 轴定位后，主轴在固定的旋转位置上停止，刀具向刀尖的相反方向移动，并在孔底（R 点）快速定位。刀具向刀尖的方向上移动，沿主轴的正向镗孔直到 Z 点，在 Z 点，主轴再次停在固定的旋转位置，刀具向刀尖的相反方向移动，然后，刀具返回到初始位置，刀具向刀尖的方向偏移，主轴正转，执行下个程序段的加工。

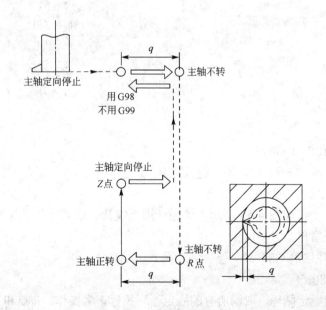

图 4-51　背镗孔循环 G87

注意：由于 R 点位于孔底，只能用 G98，不能用 G99。

【例 4-17】 G87 反镗循环编程，孔中心位置如图 4-43 所示，孔深 h=20mm，R=5mm 镗二遍，参考如下：

O2900；	
M03 S500；	
G90 G98 G87 X100 Y100 Z–22 R5 Q5 P1000 F120 K2；	定位镗#1 孔，初始位置定向偏移 5mm，Z 点停 1s
Y260；	镗#2 孔
Y420；	镗#3 孔
X700 Y100；	镗#4 孔
Y260；	镗#5 孔
Y420；	镗#6 孔
G80 G28 X0 Y0；	取消固定循环，回参考点
M05；	
M30；	

（11）手动退刀镗孔循环 G88

指令格式：G98（G99）G88 X__Y__Z__R__P__F__K__；

指令中 P 为孔底的暂停时间，G88 的孔加工动作如图 4-52 所示，该循环用于镗孔，沿 X、Y 轴定位后，快速移动到 R 点，然后从 R 点到 Z 点镗孔。镗孔完成后，暂停，主轴停止。手动使刀尖离开孔表面，刀具从孔底手动返回 R 点，快速返回到 R 点平面或初始点平面，主轴自动正转。G88 可用于半精镗或精镗。

【例 4-18】 G88 镗孔循环编程，孔中心位置如图 4-43 所示，孔深 h=20mm，R=5mm 参考程序如下：

O3000；	
M03 S1000；	
G90 G99 G88 G87 X100 Y100 Z–25 R5 P1000 F120；	定位镗#1 孔，孔底暂停 1s
Y260；	镗#2 孔
Y420；	镗#3 孔
X700 Y100；	镗#4 孔
Y260；	镗#5 孔
Y420；	镗#6 孔
G80 G28 X0 Y0；	取消固定循环，回参考点
M05；	
M30；	

（12）镗阶梯孔循环 G89

指令格式：G98（G99）G89 X__Y__Z__R__P__F__K__；

指令中 P 为孔底的停刀时间。

G89 的孔加工动作如图 4-53 所示，该循环用于镗孔。该循环几乎与 G85 相同，不同的是该循环在孔底暂停。

（13）固定循环取消 G80

指令格式：G80；

G80 用于取消固定循环。取消所有的固定循环执行正常操作，R 点和 Z 点也被取消，其他钻孔数据也被取消。

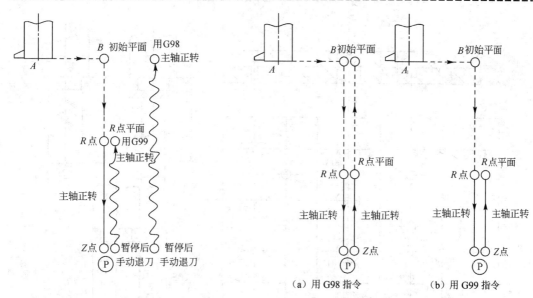

图 4-52　手动退刀镗孔循环 G88　　　　图 4-53　镗阶梯孔循环 G89

4.5.4　固定循环编程使用时注意事项

① 在指定固定循环 G73、G74、G76、G81～G89 前,用辅助功能 M 代码旋转主轴。

② 当 G73、G74、G76、G81～G89 指令和 M 代码在同一程序段中指定时,在第一个定位动作的同时执行 M 代码。然后,系统处理下一个孔加工动作。

③ 当指定重复次数 K 时,只对第一个孔执行 M 代码。对以后或其他的孔,不执行 M 代码。

④ 在固定循环中指定刀具长度偏量置(G43、G44 或 G49)时,在定位到 R 点的同时加偏置。

⑤ 在切换钻孔轴之前,必须取消固定循环。

⑥ 在不包含 X、Y、Z、R 其中之一的程序上不执行孔加工。

⑦ 不能在同一个程序段中指定 01 组的 G 代码如(G00、G01、G03)和固定循环,否则,固定循环将被取消。

⑧ 在固定循环方式中,刀具偏置被忽略。

4.5.5　固定循环编程综合举例

【**例 4-19**】 加工如图 4-54 所示各孔,各孔在本工序前已钻中心孔→钻孔或镗孔分别至 ϕ12mm、ϕ25mm、ϕ74mm,设#1~#6 孔用刀具 T8 加工,#7~#10 用刀具 T9 加工,#11~#13 用刀具 T10 加工,其偏置值分别设置在偏置号 No.8、No.9、No.10 中,其加工中心的参考程序如下:

```
O3100;
G54 G90;
G28 Z100 T8 M06;                        换 T8 刀
G43 G00 Z50 H08;                        初始位置、刀具长度偏置
M03 S600;                               启动主轴
G99 G81 X-300 Y-160 Z-85 R-35 F120;     快速定位,钻#1 孔
Y0;                                     钻#2 孔回 R 点
G98 Y160;                               钻#3 孔回初始平面
G99 X300 Y-160;                         钻#4 孔回 R 点
```

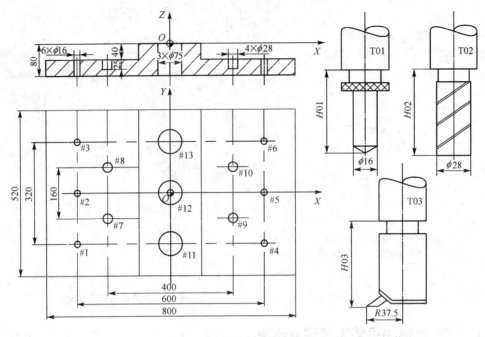

图 4-54　固定循环综合实例

Y0;	钻#5 孔回 R 点
G98 Y160;	钻#6 孔回初始平面
G49 Z100;	取消刀具长度偏置
G28 X0 Y0 M05;	回参考点、主轴停
T9 M06;	换 T9 刀
G43 G00 Z50 H09;	初始位置置刀具长度偏置
M03 S500;	启动主轴
G99 G82 X−200 Y−80 Z−65 R−35 P1000 F80;	快速定位，钻#7 孔返回 R 点平面
G98 Y80;	钻#8 孔回初始平面
G99 X200 Y−80;	钻#9 孔回 R 平面
G98 Y80;	钻#10 孔回初始平面
G49 Z100;	取消刀具长度偏置
G28 X0 Y0 M05;	回参考点主轴停
T10 M06;	换 T10 刀
G43 G00 Z50 H10;	初始位置置刀具长度偏置
M03 S200;	启动主轴
G99 G85 X0 Y−160 Z−85 R5 F60;	定位镗#11 孔，回 R 点平面
G91 Y160 K2;	镗#12 孔、#13 孔，回 R 点平面
G49 Z100;	取消刀具长度偏置
G28 X0 Y0 M05;	回参考点主轴停
M02;	程序停止

4.6　用户宏程序

虽然子程序调用对编制相同的加工程序非常有效，但用户宏程序由于允许使用变量、算术和逻辑运算及条件转移，使得编制同样的加工程序更简便，使用时，加工程序可用一条简单指令调用用户宏程序，和调用子程序完全相同。

用户宏功能的最大特点是可以对变量进行运算，使程序更加灵活方便。

4.6.1 变量

（1）变量的表示

变量用变量符号#和后面的变量号指定，如：#i（i=1、2、3……）；

表达式可以用于指定变量号，此时表达式必须封闭在括号中，如：# [#1+#2-12]；

变量号可用变量代替，如#3=2，则#[#3]=#2。

（2）变量的类型

变量根据变量号可以分成四种类型，具体见表 4-2。

表 4-2 变量的类型

变量号	变量类型	功能
#0	空变量	该变量总是空，没有值能赋给该变量
#1~#33	局部变量	局部变量只能用在宏程序中存储数据，例如，运算结果。当断电时局部变量被初始化为空；调用宏程序时，自变量对局部变量赋值
#100~#199 #500~#999	公共变量	公共变量在不同的宏程序中的意义相同。当断电时变量#100~#199 初始化为空；变量#500~#999 的数据保存，即使断电也不丢失
#1000~	系统变量	系统变量用于读和写 CNC 的各种数据，例如，刀具的当前位置和补偿值

（3）变量的引用

在地址后指定变量号即可引用其变量值。当用表达式指定变量时，要把表达式放在括号中。如 G01 X[#1+#2] F#3；

改变引用变量的符号，要把"–"放在#的前面，如：G00 X–# 1；

当引用未定义的变量时，变量及地址字都被忽略，如：当变量#1 的值是 0，并且变量#2 的值是空时，G00 X # 1 Y # 2 的执行结果为 G00 X0。

变量的引用：将跟随在一个地址后的数值用一个变量来代替，即引入了变量。

例：对于 F#103，#103=100 时，则为 F100；

对于 Z–#110，若#110=120 时，则为 Z–120；

对于 G#130，若#130=2 时，则为 G02。

在编程时，每个程序段只允许一个变量的定义或变量的运算，否则系统报警。

4.6.2 算术运算和逻辑运算

变量的算术和逻辑运算见表 4-3。

表 4-3 算术和逻辑运算

功能	格式	备注	功能	格式	备注
定义	#i=#j		舍入	#i=ROUND[#j]	四舍五入取整
加法	#i=#j + #k		上取整	#i=FUP[#j]	
减法	#i=j–#k		下取整	#i=FIX[#j]	
乘法	#i=j*#k		自然对数	#i=LN[#j]	
除法	#i=#j/#k		指数函数	#i=EXP[#j]	
正弦	#i=SIN[#j]	角度以度表示，52°30′表示为52.5°	或	#i=#jOR#k	逻辑运算一位一位地按二进制数执行
反正弦	#i=ASIN[#j]		异或	#i=#jXOR#k	
余弦	#i=COS[#j]		与	#i=#jAND#k	
反余弦	#i=ACOS[#j]		从 BCD 转为 BIN	#i=BIN[#j]	用于与 PMC 的信息交换（BIN：二进制；BCD：十进制）
正切	#i=ATN[#j]				
反正切	#i=ATAN [#j] / [#k]		从 BIN 转为 BCD	#i=BCD[#j]	
平方根	#i=SQRT[#j]				
绝对值	#i=ABS[#j]				

(1) 上取整 FUP、下取整 FIX

数控系统处理数值运算时，若操作后产生的整数绝对值大于原数的绝对值时为上取整；若小于原数的绝对值为下取整。对于负数的处理应注意。

如：#1=1.4，#2=−1.4，则#3=FUP [#1]→#3=2；#3=FIX [#1]→#3=1；#3=FUP [#2]→#3=−2；#3=FIX [#2]→#3=−1；

(2) 运算次序

[函数]→ 乘和除运算（*、/、AND）→ 加和减运算（+、−、OR、XOR）。

(3) 括号嵌套

括号用于改变运算次序。括号可以使用5级，包括函数内部使用的括号。

如：#1 = COS [[[#2+#3] *#4+#5] × #6]

(4) 运算符

运算符见表4-4。

表4-4 运算符

运算符	含义	运算符	含义
EQ	等于（=）	GE	不小于（≥）
NE	不等于（≠）	LT	小于（<）
GT	大于（>）	LE	不大于（≤）

4.6.3 转移和循环

在程序中，使用GOTO语句和IF语句可以改变控制的流向。

(1) 无条件转移（GOTO语句）

转移到标有顺序号N的程序段。可用表达式指定顺序号。

指令格式：GOTO＿；

式中：＿表示顺序号，1~99 999。

例：GOTO 20 或 GOTO #100

(2) 条件转移（IF语句）

IF之后指定条件表达式。

① 如果指定的条件表达式满足时，转移到GOTO后指定的程序段；如果指定的条件表达式不满足，执行下一个程序段。

指令格式：IF [条件表达式] GOTO＿；

② 如果条件表达式满足，执行预先决定的一条宏程序语句。

指令格式：IF[条件表达式] THEN；

例：如果#1 和 #2 的值相同，则 #3 = 1

IF[#1 EQ #2] THEN #3 = 1

③ 循环（WHILE语句）

在WHILE后指定一个条件表达式。当指定条件满足时，执行从DO到END之间的程序。否则，转到END后的程序段。

指令格式：WHILE [条件表达式] DO m;   m=1, 2, 3

　　　　　...

　　　　　END m;

DO后的m和END后的m是指定程序执行范围的标号，标号值为1, 2, 3。

【例 4-20】 用 G1 指令编写图 4-55 中 AB 圆弧的宏程序，不考虑刀具半径，参考程序如下：

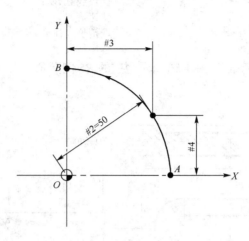

图 4-55 圆弧的宏程序

用 IF 语句
O3200;	程序名
M6 T1;	换上 1 号刀
G54 G90 G0 G43 H1 Z50;	选择工件坐标系，调入刀具长度补偿值
M3 S1000;	主轴正转，转速 1000r/min
X50 Y0;	快速定位到 A 点上方
Z3;	主轴下降
G1 Z–3 F80;	Z 方向切入 3mm
#1 =0;	被加数变量的初值
#2 =50;	存储数变量的初值
N1 #3 = #2*COS [#1];	计算变量
#4 =#2*SIN [#1];	计算变量
IF [#1 GT 90] GOTO 2;	角度大于 90°时转移到 N2
G1 X#3 Y#4 F100;	以 100mm/min 进给
#1 =#1 + 1;	计算和数（角度增加 1°）
GOTO 1;	转移到 N1
N2 G0 Z10;	快速抬刀
G49 Z100;	取消长度补偿
M30;	程序结束

用 WHILE 语句
O3300;	程序名
M6 T1;	换上 1 号刀
G54 G90 G0 G43 H1 Z50;	选择工件坐标系，调入刀具长度补偿
M3 S800;	主轴正转，转速 1000r/min
X50 Y0;	快速定位到 A 点上方
Z3;	主轴下降
G1 Z–3 F80;	Z 方向切入 3mm
#1 = 0;	被加数变量的初值
#2 =50 ;	存储数变量的初值
WHILE[#1 LE 90] DO 1;	当角度不大于 90°时循环 DO 1
#3 = #2 *COS[#1];	计算变量
#4 =#2 * SIN[#1];	计算变量

```
G1  X#3  Y#4  F100;              以100mm/min进给速度进给
#1 =#1 + 1;                      计算和数
END 1;                           循环到END 1
G0 Z10;                          快速抬刀
G49 Z100;                        取消长度补偿
M30;                             程序结束
```

【例 4-21】 用宏程序加工图 4-56 所示型腔的 $R5$ 倒圆角。刀具为 $\phi 12mm$ 的键槽铣刀，参考程序如下：

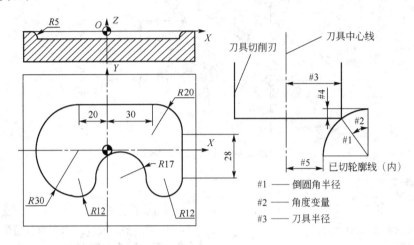

图 4-56 宏程序倒圆角应用

```
O3400;                           程序名
N10 M6 T1;                       换上1号刀，φ12mm 键槽铣刀
N20 G54 G90 G0 G43 H1 Z100;      选择工件坐标系，调入刀具长度补偿
N30 M3 S1000;                    主轴正转，转速1000r/min
N40 X0 Y29;                      刀具快速定位
N50 Z3;                          主轴下降
N60 M8;                          开冷却液
N70 G1 Z0 F80;                   刀具移动到工件表面的平面
N80 #1 = 5;                      定义变量（圆角半径R5）
N90 #2 = 0;                      定义变量的初值（角度初始值）
N100 #3 = 6;                     定义变量（刀具半径）
N110 WHILE[#2 LE 90] DO 1;       循环语句，当#2≤90°时在N110～N250之间循环，
                                 加工圆角
N120 #4=#1*[1–COS[#2]];          计算变量
N130 #5=#3+#1*SIN[#2]–#1;        计算变量
N140 G90 G1 Y[30–#5] F120;       每层铣削时，Y方向的起始位置
N150 Z–#4 F80;                   到下一层的定位
N160 G91 X–20 F120;              加工内轮廓直线
N170 G3 Y–[2*[30–#5]]R–[30–#5];  加工内轮廓 R 30 的半圆弧
N180 X[12–#5] Y[12–#5] R[12–#5]; 加工内轮廓 R 12 的 1/4 圆弧
N190 G2 X[2*[17+#5]] R–[17+#5];  加工内轮廓 R 17 的半圆弧
N200 G3 X[2*[12–#5]] R–[12–#5];  加工内轮廓 R 12 的半圆弧
N210 G1 Y28;                     加工内轮廓直线
N220 G3 X–[20–#5] Y[20–#5] R[20–#5];  加工内轮廓 R 20 的 1/4 圆弧
N230 G90 G1 X0;                  加工内轮廓直线
N240  #2 = #2 + 1;               更新角度
N250 END 1;                      循环语句结束
```

N260 G0 Z10 M9;　　　　　　　　加工结束后返回到 Z10，冷却液关
N270 G49 G90 Z100;　　　　　　　取消长度补偿，Z 轴快速移动到工件坐标系 Z100 处
N280 M30;　　　　　　　　　　　程序结束

在宏程序中，G41、G42 对坐标系移动全部采用变量引用的值（如上例中从 N170～N220，所有的 X、Y 均采用变量引用）无法识别，因此在上例中，如果采用半径补偿，系统虽然对宏程序的预读段数较多，但没有 NC 程序段那样的坐标值移动量，系统就不能引入半径补偿量，即加工进给时刀具不会产生偏移。对这种情况在编程时一定要注意。

4.6.4　宏程序调用

宏程序的调用方法有：① 非模态调用（G65）；② 模态调用（G66、G67）；③ 用 G 指令调用宏程序；④ 用 M 指令调用宏程序；⑤ 用 M 指令调用子程序；⑥ 用 T 指令调用子程序。

宏程序调用不同于子程序调用（M98），用宏程序调用可以指定自变量（数据传送到宏程序），M98 没有该功能。

宏指令既可以在主程序体中使用，也可以当作子程序来调用。

（1）放在主程序体中
……
N50 #100=30.0
N60 #101=20.0
N70 G01 X#100　Y#101 F100.0
……

（2）当作子程序调用

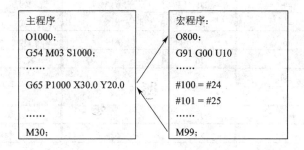

4.6.5　非模态调用（G65）

（1）自变量指定

变量的赋值（对应）关系可用两种形式的自变量指定，自变量指定Ⅰ和自变量指定Ⅱ。
① 自变量指定Ⅰ见表 4-5。
自变量指定Ⅰ使用了除 G、L、O、N 和 P 以外的字母，每个字母指定一次。

表 4-5　自变量指定Ⅰ

程序中的地址	在宏程序体中的变量	程序中的地址	在宏程序体中的变量
A	#1	F	#9
B	#2	H	#11
C	#3	I	#4
D	#7	J	#5
E	#8	K	#6

续表

程序中的地址	在宏程序体中的变量	程序中的地址	在宏程序体中的变量
M	#13	V	#22
Q	#17	W	#23
R	#18	X	#24
S	#19	Y	#25
T	#20	Z	#26
U	#21		

注意：
a. 地址 G、L、O、N 和 P 不能在自变量中使用。
b. 可省略，对应于省略地址的局部变量为空。
c. 地址不需按字母顺序指定，但应符合字地址的格式。I、J、K 需按字母顺序指定。

② 自变量指定Ⅱ见表 4-6。

自变量指定Ⅱ使用 A、B、C 各 1 次，I、J、K 各 10 次。自变量指定Ⅱ用于传递诸于三维坐标值。

表 4-6 自变量指定Ⅱ

程序中的地址	在宏程序体中的变量	程序中的地址	在宏程序体中的变量	程序中的地址	在宏程序体中的变量
A	#1	J4	#14	K8	#27
B	#2	K4	#15	I9	#28
C	#3	I5	#16	J9	#29
I1	#4	J5	#17	K9	#30
J1	#5	K5	#18	I10	#31
K1	#6	I6	#19	J10	#32
I2	#7	J6	#20	K10	#33
J2	#8	K6	#21		
K2	#9	I7	#22		
I3	#10	J7	#23		
J3	#11	K7	#24		
K3	#12	I8	#25		
I4	#13	J8	#26		

注意：I、J、K 后的数字用于确定自变量指定的顺序，在实际编程中不写。如根据表 4-6，地址 I2 在宏程序体中的变量对应#7，若#7=4.0，则编程时写成 I4.0。

（2）自变量指定Ⅰ、Ⅱ混合使用

CNC 内部自动识别自变量指定Ⅰ和自变量指定Ⅱ。如果自变量指定Ⅰ和自变量指定Ⅱ混合指定，后指定的自变量类型有效。

如：G65 A1.0 B2.0 I–3.0 I4.0 D5.0 P1000
变量：#1：1.0   #2：2.0   #4：–3.0   #7：4.0   #7：5.0
本例中：I4.0 和 D5.0 自变量部分都分配给变量#7，后者 D5.0 有效。

（3）调用格式

G65 P__ L__ <自变量指定>；

指令中 P 指调用的子程序；L 指重复次数；自变量数据传递到宏程序。

如加工图 4-57 圆周上的孔的宏程序格式为：G65 Pp Xx Yy Zz Rr Ff Ii Aa Bb Hh；

指令中 P 指调用的子程序；X 指圆心的 X 坐标（绝对值或增量值指定），对应变量#24；Y 指圆心的 Y 坐标（绝对值或增量值指定），对应变量#25；Z 指孔深，对应变量#26；R 指趋近点的坐标，对应变量#18；F 指切削进给速度，对应变量#9；I 指圆半径，对应变量#4；A 指孔第一孔的角度，对应变量#1；B 指增量角度，指定负值时为顺时针，对应变量#2；H 指孔数，对应变量#11。

【例 4-22】用宏程序加工图 4-58 所示圆周上的孔。圆周的半径为 100，起始角为 0°，角度间隔为 45°，孔深为 30mm，钻孔个数为 5，圆的中心坐标为（100，50），参考程序如下：

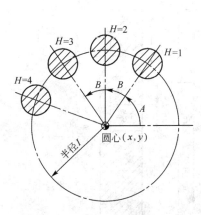

图 4-57 分布在圆周上的孔

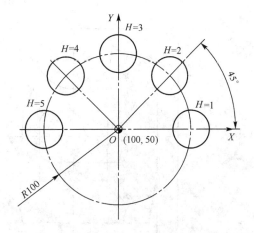

图 4-58 圆周上的孔宏程序调用

O3500；	主程序号
G90 G92 X0 Y0 Z100；	建立 G92 工件坐标系
G65 P0600 X100 Y50 Z–35 R5 F100 I100　A0 B45 H5；	调用 600 宏程序
M30；	程序结束
O0600；	宏程序
#3=#4003；	储存 03 组的 G 代码
G81 Z#26 R#18 F#9 K0；	钻孔循环
IF [#3 EQ 90] GOTO　1；	在 90 方式转移到 N1
#24=#5001+#24；	计算圆心的 X 坐标
#25=#5002+#25；	计算圆心的 Y 坐标
N1 WHILE[#11 GT 0] DO 1；	直到剩余孔数为 0
#5 =#24 + #4 * COS[#1]；	计算 X 轴上的孔位
#6 =#25 + #4 * SIN[#1]；	计算 Y 轴上的孔位
G90 X#5　Y#6；	移动到目标位置之后执行钻孔
#1 =#1+ #2；	更新角度
#11 =#11–1；	孔数–1
END 1；	
G#3 G80；	返回原始状态的 G 代码
M99；	

变量的含义：

#3：储存 03 组的 G 代码。

#5：下个孔的 X 坐标。

#6：下个孔的 Y 坐标。

4.7 FANUC 0i 系统数控铣床的编程与加工综合应用

【例 4-23】 试在数控铣床上加工如图 4-59 所示的零件，材料为硬铝 LY11（新牌号为 2A11），毛坯 105mm×105mm×25mm，六面已加工好，尺寸（长×宽×高）为 100mm×100mm×20mm，生产批量为小批，在数控铣床上加工外轮廓、内轮廓、孔至要求。

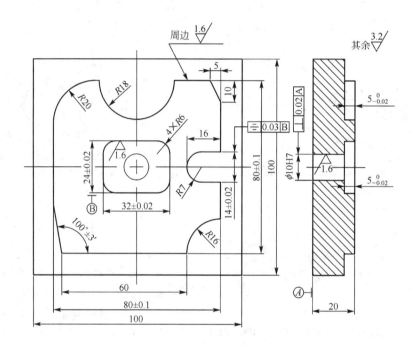

图 4-59 多边形模板

（1）工艺分析

根据图样需加工深 $5_{-0.02}^{0}$ mm 外轮廓；深 $5_{-0.02}^{0}$ mm 的内轮廓；ϕ10H7 孔。各加工面表面粗糙度较高，为 R_a1.6 μm 或 R_a3.2 μm。由于宽 $14_{-0.02}^{+0.02}$ 外轮廓槽相对于 32×24 的槽有较高的位置精度要求，故加工内外轮廓时尽可能用同一把刀，并且遵循先粗后精的加工原则；批量生产时粗精加工采用不同的刀具，本例为小批生产，采用同一把刀具加工。ϕ10H7 孔尺寸精度和表面质量要求较高，并对 A 面有较高的垂直度要求，以 A 面为定位基准通过钻扩铰加工。

（2）确定装夹方案

该零件外形规则，六个面都已在普通铣床上加工，加工面与不加工面的位置精度要求不高，且生产批量为小批，故采用通用台式虎钳。用等高铁垫平，以底面和两侧面定位，台钳钳口从侧面夹紧。

注意：

① 工件装夹时应使被加工面高出虎钳钳口一定的距离；

② 铣削内轮廓时，应注意刀具的直径要小于或等于内圆弧的半径；

③ 由于加工精度较高，为保证加工精度，粗、精加工应分开进行。

(3) 工艺过程

① 粗铣深 $5_{-0.02}^{0}$ mm 外轮廓、内轮廓，留精加工余量。

② 精铣外轮廓至要求。

③ 精铣内轮廓至要求。

④ ϕ10H7 孔钻扩铰至尺寸。

(4) 刀具与工艺参数（见表 4-7、表 4-8）

表 4-7 数控加工刀具卡

单 位		数控加工刀具卡片	产品名称				零件图号	
			零件名称				程序编号	
序号	刀具号	刀具名称	刀具		补偿值		刀补号	
			直径	长度	半径	长度	半径	长度
1	T01	立铣刀	ϕ12mm				6	
2	T02	中心钻	ϕ3mm					
3	T03	麻花钻	ϕ8mm					
4	T04	扩孔钻	ϕ9.8mm					
5	T05	铰刀	ϕ10H7mm					

表 4-8 数控加工工序卡

单 位		数控加工工序卡片		产品名称	零件名称	材 料		零件图号
工序号		程序编号	夹具名称	夹具编号	设备名称	编制		审核
工步号	工步内容		刀具号	刀具规格	主轴转速 /(r·min^{-1})	进给速度 /(mm·min^{-1})		背吃刀量 /mm
1	粗铣外轮廓，Z 向留精加工余量 0.5mm，XY 平面单边留精加工余量 0.2mm		T01	ϕ12mm 立铣刀	1000	200		1.5
2	粗铣内轮廓，Z 向留精加工余量 0.5mm，XY 平面单边留精加工余量 0.2mm		T01	ϕ12mm 立铣刀	1000	200		1.5
3	精铣外轮廓至要求		T01	ϕ12mm 立铣刀	1200	150		0.5
4	精铣内轮廓至要求		T01	ϕ12mm 立铣刀	1200	150		0.5
5	钻 ϕ10H7 中心孔为 3mm		T02	ϕ3mm 中心钻	1000	100		
6	ϕ10H7 孔钻至 ϕ8mm		T03	ϕ8mm 麻花钻	1200	80		
7	ϕ10H7 孔扩孔至 ϕ9.8mm		T04	ϕ9.8mm 扩孔钻	1200	80		
8	ϕ10H7 孔铰至尺寸		T05	ϕ10H7 铰刀	200	60		

（5）程序编制

以工件上表面中心为零点建立工件坐标系，利用寻边器在 X、Y 方向对刀，Z 方向由刀具本身对刀。刀具材料为高速钢，参考程序如下：

① 粗精铣外轮廓及内轮廓，用 $\phi12$ mm 的立铣刀。其加工路线图如图 4-60 所示。

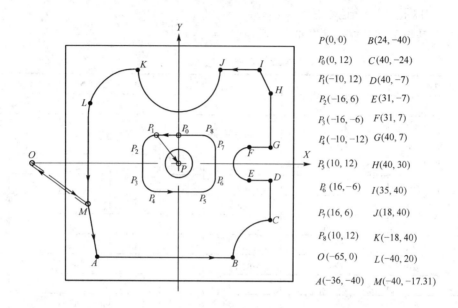

图 4-60 内外轮廓加工路线图

刀具从 O 点下刀，快速定位到 M 点，通过直线插补 OM 建立右刀补，逆时针沿外轮廓铣削，轮廓加工后通过直线 MO 取消刀补，XY 平面通过改变刀补参数分层铣削，Z 向分层。抬刀，快速定位到 P 点，通过直线插补 PP_0 建立左刀补，逆时针沿内轮廓铣削，内轮廓加工后通过直线 P_0P 取消刀补，Z 向分层。编程时由于尺寸公差基本为对称分布，深度 $5_{-0.02}^{0}$ mm 的公差较小，可按基本尺寸编程。粗、精加工的程序如下：

a. 粗铣外轮廓与内腔的主程序。
O1000;
N10　G17 G21 G40 G54 G80 G90 G94;　　　程序初始化
N20　G00 Z50 M03 S1000;　　　刀具定位到安全平面，启动主轴
N30　G00 X–65 Y0;　　　刀具定位到达 O 点上方
N40　Z10;
N50　G01 Z0 F120;
N60　M98 P030010;　　　调用子程序 O0010，Z 向分层粗铣外轮廓
N70　G01 Z10 F120;
N80　G00 X0 Y0;
N90　G01 Z0 F100;　　　刀具定位到达 P_0 点表面
N100　M98 P030020;　　　调用子程序 O0020，Z 向分层粗铣内轮廓
N110　G01 Z5 F100;
N120　G00 Z50;
N130　M05;
N140　M30;

b. 精铣外轮廓与内腔的主程序。
O2000;

N10	G17 G21 G40 G54 G80 G90 G94;	程序初始化
N20	G00 Z50 M03 S1200;	刀具定位到安全平面，启动主轴
N30	G00X–65 Y0;	
N40	Z10;	
N50	G01 Z–3.5 F100;	刀具定位到达 O 点下方 3.5mm 处
N60	M98 P0010;	调用子程序 O0010，精铣外轮廓，进给取 F150
N70	G01 Z10 F100;	
N80	G00 X0 Y0;	
N90	G01 Z–3.5 F100;	刀具定位到达 P 点下方 3.5mm 处
N100	M98 P0020;	调用子程序 O0020，精铣内轮廓，进给取 F150
N110	G01 Z5 F100;	
N120	G00 Z50;	
N130	M05;	
N140	M30;	

c．铣外轮廓的子程序。

O0010;
N10 G91 M08 G01 Z–1.5 F100;
N20 G90 G42 X–40 Y–17.31 F200 D01;
　　　　建立 1 号刀补，粗加工 $D01=24.2$，精加工 $D01=24$（精加工根据实测尺寸调整）
N30 X–36 Y–40;
N40 X24 Y–40;
N50 G02 X40 Y–24 R16;
N60 G01 X40 Y30;
N70 X35 Y40;
N80 X18 Y40;
N90 G02 X–18 Y40 R18;
N100 G03 X–40 Y20 R20;
N110 G01 X–40 Y–17.31;
N120 G40 X–65 Y0;　　　　　　　　　　取消 1 号刀补
N130 G01 G42 X–40 Y–17.31 D02;
　　　　建立 2 号刀补，粗加工 $D02=14.2$，精加工 $D02=14$（精加工根据实测尺寸调整）
N140 X–36 Y–40;
N150 X24 Y–40;
N160 G02 X40 Y–24 R16;
N170 G01 X40 Y30;
N180 X35 Y40;
N190 X18 Y40;
N200 G02 X–18 Y40 R18;
N210 G03 X–40 Y20 R20;
N220 G01 X–40 Y–17.31;
N230 G40 X–65 Y0;　　　　　　　　　　取消 2 号刀补
N240 G01 G42 X–40 Y–17.31 D03;
　　　　建立 3 号刀补，粗加工 $D03=6.2$，精加工 $D03=6$（精加工根据实测尺寸调整）
N250 X–36 Y–40;
N260 X24 Y–40;
N270 G02 X40 Y–24 R16;
N280 G01 X40 Y–7;
N290 X31 Y–7;
N300 G02 X31 Y7 R7;
N310 G01X40 Y7;
N320 G01 X40 Y30;
N330 X35 Y40;
N340 X18 Y40;

N350 G02 X–18 Y40 R18;
N360 G03 X–40 Y20 R20;
N370 G01 X–40 Y–20;
N380 G40 X–65 Y0;   取消 3 号刀补
N390 M09
N400 M99

d．铣内腔的子程序。
O0020;
N10 G91 M08 G01 Z–1.5 F80;
N20 G90 G01 G41 X0 Y12 F200 D04;   建立 4 号刀补，粗加工 $D04=6.2$，精加工 $D04=6$（根据实测尺寸调整）

N25 G01 X–10;
N30 G03 X–16 Y6 R6;
N40 G01 X–16 Y–6;
N50 G03 X–10 Y–12 R6;
N60 G01 X10 Y–12;
N70 G03 X16 Y–6 R6;
N80 G01 X16 Y6;
N90 G03 X10 Y12 R6;
N100 G01 X–10 Y12;
N110 G40 X0 Y0;   取消 4 号刀补
N120 M09;
N130 M99;

② 加工 ϕ10H7 孔，先钻中心孔，钻扩铰至要求。
O3000
N10 G17 G21 G40 G54 G80 G90 G94;
N20 M03 S1000;
N30 G90 G99 M08 G81 X0 Y0 Z–5 R5 F100;   采用 T02 中心钻点钻孔
N40 G00 Z50;
N50 G80 M09;
N60 M05;
N70 M00;   程序暂停，手动换 T03 的钻头
N80 M03 S1200;
N85 G00 X0 Y0 Z50;
N90 G90 G99 M08 G83 Z–23 R5 Q3 F80   钻 ϕ10H7 的孔至 ϕ8
N100 G00 Z50;
N110 G80 M09;
N120 M05;
N130 M00;   程序暂停，手动换 T04 的钻头
N140 M03 S1200;
N145 G00 X0 Y0 Z50;
N150 G90 G99 M08 G81 Z–23 R5 F80;   扩 ϕ10H7 的孔至 ϕ9.8
N160 G00 Z100;
N170 G80 M09;
N180 M05;
N190 M00;   程序暂停，手动换 T05 的铰刀，换转速
N200 M03 S200;
N205 G00 X0 Y0 Z50;
N210 G90 G99 M08 G81 Z–23 R5 F60;   铰 ϕ10H7 的孔至要求
N220 G00 Z100;
N230 M05;
N240 M30;

【本章小结】

本章简单介绍了数控铣床的分类与编程特点，详细介绍了数控铣床编程的基本指令、刀具补偿功能、简化编程指令的编程、孔加工固定循环，简单介绍了用户宏程序，通过实例介绍了 FANUC 0i 系统数控铣床的编程与加工综合应用。

思考与练习题

一、填空题

1. 数控铣床按主轴位置可分为（   ）、（   ）、（   ），按数控系统功能可分为（   ）、（   ）、（   ）。
2. 指令 G21 G00 X20 Y20 表示的编程单位为（   ）。
3. 指令 G96 S50 表示的切削速度单位为（   ）。
4. 控制准确停止的指令为（   ），控制准确停止方式的指令为（   ）。
5. G90 G00 X60 Z50，工件坐标系原点离对刀点的距离是（   ），执行指令 G91 G01 X3.0 Y4.0 F100 执行后，刀具移动了（   ）。
6. 指令 G92 X50 Y40 Z20 表示（   ）。
7. 直接机床坐标系 G53 X__Y__Z__中的 X__Y__Z__表示（   ）。
8. 数控铣床的默认加工平面是（   ）。在 XZ 平面内进行加工时，坐标平面选择指令是（   ）。
9. 单方向定位 G60 X__Y__Z__中的 X__Y__Z__表示（   ）。
10. 指令 G28 X__Y__Z__中的 X__Y__Z__表示（   ），执行该指令的运动方式为（   ）。
11. 指令 M98 P0020500 表示（   ），M99 指令功能为（   ）。
12. 圆弧插补指令 G03 X__Y__R__中，X、Y 后的值表示圆弧的（   ）。G02 X20 Y20 R-10 F100；所加工的一般是（   ）。
13. 刀具长度正向偏置的指令为（   ），表示刀具长度负向偏置的指令为（   ），取消刀具长度补偿的指令为（   ）。
14. 刀具半径补偿的建立与取消都须在（   ）指令下进行。
15. 沿刀具前进方向观察，刀具偏在工件轮廓的左边是（   ）指令，刀具偏在工件轮廓的右边是（   ）指令，刀具中心轨迹和编程轨迹生重合是（   ）指令。
16. 缩放功能指令（   ），（   ）指定缩放开，（   ）指定缩放关。
17. 镜像功能指令（   ）。（   ）建立镜像，由指令坐标轴后的坐标值指定镜像位置，（   ）指令用于取消镜像。
18. 旋转变换指令（   ），（   ）为坐标旋转功能指令，（   ）为取消坐标旋转功能指令。
19. 数控加工中，钻孔、镗孔加工动作循环已经典型化，将这一系列典型加工动作预先编好程序，存储在内存中，可在 G 代码程序中用 G 代码指令调用，从而简化编程工作。调用这些典型动作循环的 G 代码称为（   ）。孔加工的固定循环一般包括（   ）个顺序动作。
20. 钻镗循环的深孔加工时需采用间歇进给的方法，每次提刀退回安全平面的指令应是（   ），每次提刀回退一固定量 q 的应是（   ）。

二、判断题

1. （   ）G94 进给速度的单位为 mm/min。
2. （   ）内拐角自动倍率指令为 G63。
3. （   ）G90 G00 X50 Y30 Z20 中的 X50 Y30 Z20 表示当前编程点在工件坐标系中的坐标值。

4．（　）启动极坐标的指令为 G15，取消极坐标的指令为 G16。

5．（　）执行 G92 时，刀具本身不移动。

6．（　）局部坐标系 G52 X20 Y30 Z60 中的 X20 Y30 Z60 指局部坐标系原点在工件坐标系中的坐标值。

7．（　）G00、G01 指令都能使机床坐标轴准确到位，因此它们都是插补指令。

8．（　）顺时针圆弧插补（G02）和逆时针圆弧插补（G03）的判别方向是：沿着不在圆弧平面内的坐标轴负方向向正方向看去，顺时针方向为 G02，逆时针方向为 G03。

9．（　）攻丝时速度倍率、进给保持均不起作用。

10．（　）刀具补偿寄存器内只允许存入正值。

11．（　）建立刀具半径补偿必须在指定平面中进行。

12．（　）在有缩放功能的情况下，先缩放后旋转。

13．（　）数控铣削机床配备的固定循环功能主要用于钻孔、镗孔、攻螺纹等。

14．（　）G81 和 G82 的区别在于，G82 在孔底加进给暂停动作。

三、简答题

1．坐标系设定的指令有哪些？指出其各自的定义。

2．G90　X20.0　Y15.0 与 G91　X20.0　Y15.0 有什么区别？

3．G27 X__Y__Z__中的 X__Y__Z__表示的含义。

4．坐标平面选择指令的含义。

5．对于圆弧插补的铣削编程，如何区分圆弧的角度大于或小于 180°。

6．什么情况下对于圆弧的加工只能用 I、J、K 的方式编程，不能用 R 方式编程，并说出理由。

7．写出指令 G17 G33 X20 Y30 F2 表示的含义。

8．什么情况用刀具长度补偿？什么情况用刀具半径补偿。

9．子程序的调用格式如何表达，主、子程序有何关联。

10．简化编程的指令各用于加工什么类型的零件。

11．固定循环由哪几个基本动作组成。

12．说出使用固定循环应注意的事项。

13．G28 X__Y__Z__中各指令字的含义是什么？

14．宏程序的功能是什么，宏程序有哪些变量。

15．铣削内、外轮廓用到刀具半径补偿时。如何判断用 G41 或 G42 指令。

四、编程题

1．编制加工图 4-61 所示板料外轮廓的程序，板厚 8mm。

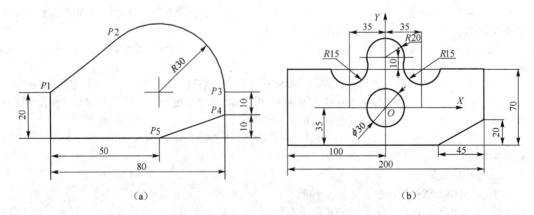

图 4-61　编程题 1 图外轮廓的铣削

2. 编制加工图 4-62 所示零件的程序，零件表面粗糙度为 $R_a3.2$。要求建立工件坐标系，画出进给路线图。

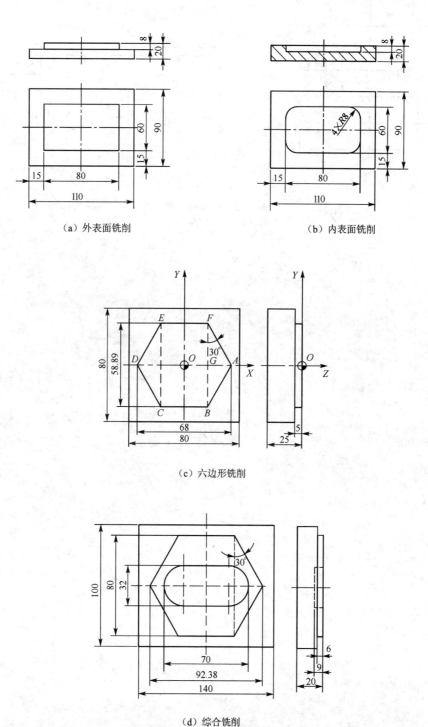

(a) 外表面铣削 (b) 内表面铣削

(c) 六边形铣削

(d) 综合铣削

图 4-62 编程题 2 图

3. 编制加工图 4-63 所示配合件的程序。要求建立工件坐标系，画出进给路线图。

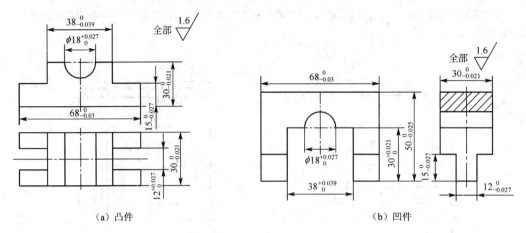

图 4-63 编程题 3 图

第 5 章 加工中心的编程与操作

5.1 加工中心简介

世界上第一台加工中心于 1958 年诞生在美国。加工中心（Machining Center，MC）是指备有刀库，具有自动换刀的功能，对工件一次装夹后进行多工序加工的数控机床。

5.1.1 加工中心的组成及分类

（1）加工中心的组成
从主体上看，加工中心主要由以下几大部分组成。
① 基础部件。
基础部件是加工中心的基础结构，它主要由床身、工作台、立柱三大部分组成。这三部分承受加工静载荷以及切削加工时产生的动载荷。所以要求加工中心的基础部件，必须有足够的刚度，通常这三大部件都是铸造而成。这三大部件在加工中心中质量和体积最大。
② 主轴部件。
主轴部件由主轴箱、主轴电动机、主轴和主轴轴承等零件组成。主轴部件是切削加工的功率输出部件，它的启动、停止、变速、变向等动作均由数控系统控制。其结构的好坏，对加工中心的性能有很大的影响。
③ 数控系统。
数控系统由 CNC 装置、可编程控制器、伺服驱动装置以及面板操作系统组成，是加工中心执行顺序控制动作和控制加工过程的中心。
④ 自动换刀装置（ATC）。
换刀装置主要由刀库、机械手等部件组成。当需要更换刀具时，数控系统发出指令后，由机械手从主轴上将刀具取下并送回刀具库相应位置，然后将刀库中取出的相应刀具装入主轴孔内完成整个换刀动作。
⑤ 辅助装置。
辅助装置包括润滑、冷却、排屑、防护、液压、气动和检测系统等部分。这些装置不直接参与切削运动，但却是加工中心不可缺少的部分。对加工中心的加工效率、加工精度和可靠性起着保障作用。

（2）加工中心的分类
按照加工中心的外观及功能可将其分为以下 3 类。
① 立式加工中心。
立式加工中心如图 5-1 所示。其主轴与工作台垂直，主要适用于加工板材类工件，也可用于模具加工。它的优点是工件装夹方便、操作方便、找正容易、便于观察切削情况、占地面积小、价格低等，所以得到广泛应用。由于 ATC 受立柱高度的限制，不能加工太高的零件，适合加工 Z 轴方向尺寸相对较小的零件。

② 卧式加工中心。

卧式加工中心如图 5-2 所示。其主轴与工作台平面方向平行。一般卧式加工中心有三至五个坐标轴，常配有一个数控分度回转工作台，在工件的一次装夹中通过旋转工作台可实现多加工面加工。其刀具库容量一般较大，有的刀库可存放几百把刀具。卧式加工中心的结构复杂，体积和占地面积较大，价格也较昂贵。卧式加工中心适合于箱体类零件的加工。

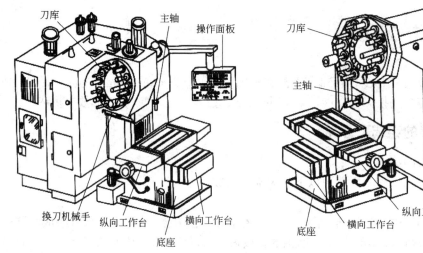

图 5-1 立式加工中心

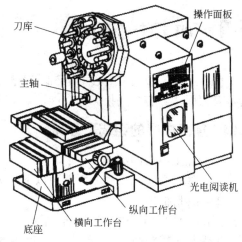

图 5-2 卧式加工中心

③ 复合加工中心。

复合加工中心如图 5-3 所示。复合加工中心是指在一台加工中心上有立、卧两个主轴，或主轴可改变 90°的角度，或工作台可带动工件一起旋转 90°的情况。这样可在一次装夹中完成除底面外的其余 5 个面的加工，所以避免了二次装夹带来的安装误差，所以效率和精度高，但结构复杂、价格昂贵。复合加工中心适合于复杂箱体类零件和具有复杂曲线的工件（飞机发动机叶片及复杂模具）的加工。

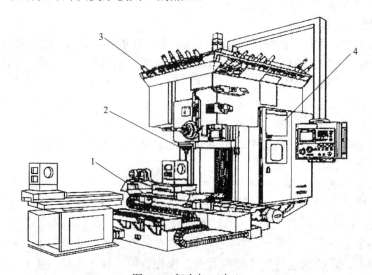

图 5-3 复合加工中心
1—工作台；2—主轴；3—刀库；4—数控柜

5.1.2 加工中心的刀库及换刀

（1）加工中心的常用刀库

加工中心的刀库形式很多，结构也各不相同。加工中心常用的刀库有盘式和链式刀库。盘式刀库的结构紧凑、简单，在钻削中心上应用较多，但存放刀具数量较少，如图 5-4 所示。链式刀库是在环形链条上装有许多刀座，刀座孔中装夹各种刀具，链轮由链条驱动。链式刀库适用于刀库容量较大的场合，且多为轴向取刀，如图 5-5 所示。当链条较长时可以增加支承轮的数目，使链条折迭回绕，提高了空间利用率。

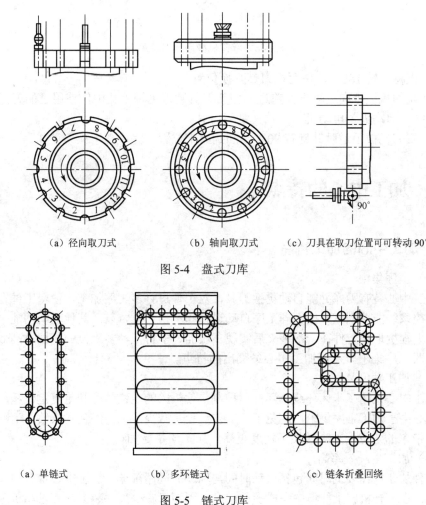

(a) 径向取刀式　　(b) 轴向取刀式　　(c) 刀具在取刀位置可可转动90°

图 5-4　盘式刀库

(a) 单链式　　(b) 多环链式　　(c) 链条折叠回绕

图 5-5　链式刀库

（2）加工中心换刀种类及换刀动作

加工中心换刀分为：无机械手换刀和有机械手换刀。以有机械手换刀为例：在自动换刀过程中，机械手要完成抓刀、取刀、交换主轴和刀库上的刀具位置、装刀、复位等动作。其换刀分解动作如图 5-6 所示。

① 机械手伸出，按顺时针方向旋转 90°后抓取双方刀具，主轴和刀库刀座上锁板松开。

② 机械手向背离主轴端前进，将两把刀具从刀座中和主轴的锥孔中抓出来。

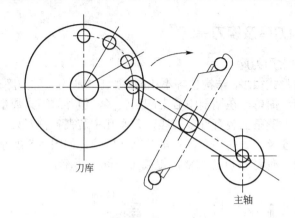

图 5-6 双臂机械手换刀示意图

③ 机械手转 180°，使两把刀具互换位置。

④ 换刀机械手向主轴方向前进，使新刀具装入主轴锥孔中，使用过的刀具装入刀库的刀座中，启动夹紧电动机，主轴夹紧新刀具。

⑤ 换刀机械手逆时针旋转 90°，回到原来位置，完成整个换刀动作。

5.2 加工中心的特点

5.2.1 加工中心的加工特点

（1）工序集中

加工中心备有刀库并能自动更换刀具，对工件进行多工序加工，使得工件在一次装夹后，数控系统能控制机床按不同工序自动选择和更换刀具，以及其他辅助功能，现代加工中心更大程度地使工件在一次装夹后实现多表面、多特征、多工位的连续、高效、高精度加工，即工序集中。这是加工中心最突出的特点。

（2）加工精度高

加工中心采用了半闭环或闭环补偿控制，使机床的定位精度和重复定位精度高，而且加工中心由于加工工序集中，避免了长工艺流程，减少了工件的装夹次数，消除了由多次装夹所带来的定位误差，故加工精度更高，加工质量更加稳定。

（3）加工生产效率高

零件加工所需要的时间包括机动时间与辅助时间两部分。加工中心带有刀库和自动换刀装置，在一台机床上能集中完成多种工序，因而可减少工件装夹、测量和机床调整的时间，减少工件半成品的周转、搬运和存放时间，使机床的切削利用率高于普通机床达 80%以上。这样能缩短生产周期，简化生产计划调度和管理工件，提高生产效率。

（4）减轻操作者的劳动强度

加工中心对零件的加工是按事先编好的程序自动完成的，操作人员除了操作键盘、面板、装卸零件、进行关键工序的中间测量以及观察机床的运行之外，不需要进行其他的繁重的手工操作，劳动强度和紧张程度均可大为减轻，劳动条件也得到很大的改善。

（5）有利于生产管理的现代化

用加工中心加工零件，能够准确地计算零件的加工工时，并有效地简化了检验和工装夹具、半成品的管理工作。这些特点有利于使生产管理现代化。

（6）经济效率高

使用加工中心加工零件时，分摊在每个产品上的设备费用是昂贵的，但在单件、小批生产的情况下，可以节省在加工前画线工时、调整时间、检验时间、工艺装备夹具，还由于加工中心的加工稳定，减少了废品率，使生产成本下降。因此可获得良好的经济效益。

5.2.2 加工中心的程序编制特点

一般使用加工中心加工的零件形状复杂、工序多，使用的刀具种类也多，往往一次装夹后要完成从粗加工、半精加工到精加工的全部过程。因此程序比较复杂，大部分程序将利用相关的编程软件进行自动编程，在编程时要考虑下述问题。

① 仔细地对图样进行工艺分析和工艺设计，合理安排各工序加工顺序，确定合适的工艺路线。

② 工件坐标系确定时，对于对称的零件，应设在对称中心上；一般零件，设在工件外轮廓的某一角上；Z轴方向的工件原点，一般设在工件上表面。

③ 确定合理的切削用量。主要是主轴转速、进给速度、背吃刀量。

④ 刀具的尺寸规格要选好，为提高机床利用率，尽量采用刀具机外预调，并将测量尺寸填写到刀具卡片中，以便操作人员在运行程序前，及时修改刀具补偿参数。

⑤ 除换刀程序外，加工中心的编程方法和数控铣床基本相同。

⑥ 进、退刀位置应选在不太重要的位置，并且使刀具沿零件的切线方向进刀和退刀，以免产生刀痕。

⑦ 刀具半径补偿引入与取消要求必须在 G00 或 G01 程序段中，不能在 G02 或 G03 程序段中，以免出现过切现象。

⑧ 尽可能地简化程序量（如采用子程序、宏程序等）。

⑨ 对编好的程序要进行校验和试运行。注意刀具、夹具或工件之间是否有干涉。

5.2.3 加工中心的加工对象与特点

加工中心最适合加工具有以下特点的零件。

（1）周期性重复投产的零件

有些产品的市场需求具有周期性和季节性，如果采用专门的生产线则得不偿失，用普通机床加工效率又低，质量不稳定，而采用加工中心首件（批）试切成功后，程序和相关信息可保留下来，下次产品再生产时，只要很少的准备时间就可以开始生产。

（2）价格昂贵的高精度零件

有些零件需求甚少，但其价格昂贵，是不允许报废的关键零件，要求精度高且工期短，如果用普通机床加工需多台机床协调工作，并容易受人为因素影响出现废品，采用加工中心进行加工，生产过程完全由程序控制，避免了工艺流程中干扰因素，具有生产效率高质量稳定的特点。

（3）结构复杂，需多工序、多工位加工的零件

有些零件结构复杂，在普通机床上加工需要昂贵的工艺装备，使用数控铣也需要多次更换刀具和夹具，使用加工中心就可能一次装夹完，并完成铣、钻、镗、攻丝等多工序加工。

（4）多品种、小批量的零件

加工中心生产的柔性不仅体现在对特殊要求零件加工的快速反应上，而且可以快速实

现批量生产，迅速占领市场。

5.3 加工中心的自动换刀程序

（1）无机械手的换刀程序

对于不带机械手换刀的加工中心采用下面程序进行换刀：M06 T02；

执行该程序时，首先执行 M06 指令，主轴上的刀具与当前刀库中处于换刀位置的空刀位进行交换；然后刀库转位寻刀，将 2 号刀具转换到当前换刀位置，再执行 M06 指令，将 2 号刀具装入主轴。

（2）有机械手的换刀程序。

① M06 指令紧跟 T 指令后。
G91 G28 Z0；
T03 M06；

在执行该程序时，先执行 G28 指令回参考点，再执行刀具选择指令，将 3 号刀具转换到当前换刀位置，再执行刀具交换指令 M06，将 3 号刀与主轴上的刀具进行交换。此种方式换刀占用了较多的换刀时间，但刀具号码清楚直观，不易出错。

② M06 在 T 指令后若干程序段后。
N120 G01 X_ Y_ Z_ T02；
　……
　……
N128 G00 Z_ M06；
N129 G01 Z_ T03；
　……
　……

执行以上程序时，N120 程序段只完成 2 号刀的选刀，刀具并没有交换，所以在 N120～N128 程序段之间的程序不是采用 2 号刀加工，在 N128 程序段换上 N120 程序段选出的 2 号刀具；从 N129 程序段开始采用 2 号刀加工。在 N120、N129 程序段执行选刀时，不占用机动时间。

5.4 FANUC 0i 系统加工中心编程与加工综合应用

【例 5-1】 试在数控加工中心上完成如图 5-7 所示零件的加工，材料为硬铝 LY11（新牌号为 2A11），毛坯 105mm×90mm×25mm，六面已加工好，尺寸（长×宽×高）为 100mm×85mm×22mm，生产批量为小批，在数控加工中心上加工外轮廓、内轮廓、孔至要求。

（1）工艺分析及刀具选择

① 工艺分析。

此零件材料为铝材，零件加工简单，尺寸精度要求不高，加工分三步进行：铣凸台；铣 18mm×18mm 深，5mm 矩形槽；钻孔。根据毛坯尺寸，铣凸台加工余量不大，可采用 ϕ18 立铣刀一刀铣削完；铣矩形槽分粗、精加工，精加工余量 0.5mm；钻孔前先钻中心孔，再用钻头钻孔；工件坐标系 XY 设在工件中心，Z 轴工作原点设工件上表面。

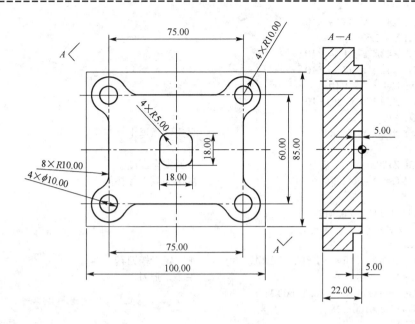

图 5-7 例 5-1 图

② 刀具选用。

加工凸台选用 T1，ϕ18 立铣刀；加工矩形槽选用 T2，ϕ8 键槽铣刀加工，分粗、精加工；加工孔时选用中心钻 T3，ϕ5 钻中心孔；再使用钻头 T4，ϕ10 钻头钻孔。

（2）加工程序

```
%
O0100;
N100 G21;                                  采用公制单位编程
N102 G0 G17 G40 G49 G80 G90;               机床初始化
(TOOL – 1 DIA. OFF. – 1 LEN. – 1 DIA. – 18.)  加工凸台刀具
N104 T1 M6;                                换第一把刀
N106 G0 G90 G54 X18. Y–66. S1000 M3;       绝对坐标编程，调用工件坐标系，主轴顺时针转动
N108 G43 H1 Z100.M8;                       启用刀具长度补偿，冷却液开
N110 Z10.;                                 进给下刀位置
N112 G1 Z–5. F120.;
N114 G41 D1Y–48. F200.;                    启用刀具半径左补偿
N116 G3 X0. Y–30. R18.;                    采用圆弧进刀切入
N118 G1 X–20.179;
N120 G3 X–28.84 Y–35. R10.;
N122 G2 X–46.16 Y–25. R10.;
N124 X–42.5 Y–21.34 R10.;
N126 G3 X–37.5 Y–12.679 R10.;
N128 G1 Y12.679;
N130 G3 X–42.5 Y21.34 R10.;
N132 G2 X–32.5 Y38.66 R10.;
N134 X–28.84 Y35. R10.;
N136 G3 X–20.179 Y30. R10.;
N138 G1 X20.179;
N140 G3 X28.84 Y35. R10.;
N142 G2 X46.16 Y25. R10.;
N144 X42.5 Y21.34 R10.;
```

N146 G3 X37.5 Y12.679 R10.;
N148 G1 Y−12.679;
N150 G3 X42.5 Y−21.34 R10.;
N152 G2 X32.5 Y−38.66 R10.;
N154 X28.84 Y−35. R10.;
N156 G3 X20.179 Y−30. R10.;
N158 G1 X0.;
N160 G3 X−18. Y−48. R18.;   采用圆弧退出
N162 G1 Z2. F300.;
N164 G0 Z100.;   退回安全高度
N166 G1 G40 Y−66. F200.;   取消刀具半径补偿
N168 M5;
N170 G91 G0 G28 Z0. M9;
N172 G28 X0. Y0.;
N174 M01;
(TOOL − 2 DIA. OFF. − 2 LEN. − 2 DIA. − 8.)   加工矩形槽刀具
N176 T2 M6;   换第二把刀
N178 G0 G90 G54 X.75 Y0. S1600 M3;
N180 G43 H2 Z100. M8;
N182 Z10.;
N184 G1 Z−5. F200.;
N186 G3 X−3.75 R2.25;
N188 X−1.204 Y−4.5 R5.25;
N190 G1 X4.;
N192 G3 X4.5 Y−4.R.5;
N194 G1 Y4.;
N196 G3 X4. Y4.5 R.5;
N198 G1 X−4.;
N200 G3 X−4.5 Y4. R.5;
N202 G1 Y−4.;
N204 G3 X−4. Y−4.5 R.5;
N206 G1 X−1.204;
N208 Z5. F300.;
N210 G0 Z50.;   快速提刀至参考高度;（N182～N210 为矩形槽粗加工程序）

N212 X0. Y−1.;
N214 Z10.;
N216 G1 Z−5. F200.;
N218 G41 D2 X−8.;   启用刀具半径左补偿
N220 G3 X0. Y−9. R8.;   采用圆弧切入
N222 G1 X4.;
N224 G3 X9. Y−4. R5.;
N226 G1 Y4.;
N228 G3 X4. Y9. R5.;
N230 G1 X−4.;
N232 G3 X−9. Y4.R.5;
N234 G1 Y−4.;
N236 G3 X−4. Y−9. R.5;
N238 G1 X0.;
N240 G3 X8. Y−1. R8.;
N242 G1 Z5. F300.;
N244 G0 Z100.;

```
N246 G1 G40 X0. F200.;
N248 Z5. F300.;
N250 G0 Z100.;
N252 M5;
N254 G91 G28 Z0. M9;
N256 G28 X0. Y0.;
N258 M01;
(TOOL – 3 DIA. OFF. – 3 LEN. – 3 DIA. – 5.)     钻中心孔刀具
N260 T3 M6;                                     换第三把刀
N262 G0 G90 G54 X–37.5 Y30.   S1000 M3;
N264 G43 H3 Z100. M8;
N266 G98 G81 Z–1. R10. F300.;
N268 X37.5;
N270 Y–30.;
N272 X–37.5;
N274 G80;
N276 M5;
N278 G91 G28 Z0. M9;
N280 G28 X0. Y0.;
N282 M01;
(TOOL – 4 DIA. OFF. – 4 LEN. – 4 DIA. – 10.)    钻孔刀具
N284 T4 M6;                                     换第四把刀
N286 G0 G90 G54 X–37.5 Y30. S1000 M3;
N288 G43 H4 Z100. M8;
N290 G98 G81 Z–25. R10. F200.;
N292 X37.5;
N294 Y–30.;
N296 X–37.5;
N298 G80;
N300 M5;                                        主轴停止
N302 G91 G28 Z0. M9;                            机床 Z 轴从当前位置返回到参考点，关冷却液
N304 G28 X0. Y0.;                               机床 X, Y 轴从当前位置返回到参考点
N306 M30;                                       程序结束，返回程序开始
```

5.5 FANUC 0i 系统加工中心的操作

加工中心的操作与数控铣床的操作基本相同。

5.5.1 机床准备

（1）激活机床

点击启动按钮，此时机床电机和伺服控制的指示灯变亮。检查急停按钮是否松开至状态，若未松开，点击急停按钮，将其松开。

（2）机床回参考点

检查操作面板上回原点指示灯是否亮，若指示灯亮，则已进入回原点模式；若指示灯不亮，则点击按钮，转入回原点模式。

在回原点模式下，先将 Z 轴回原点，点击操作面板上的 Z 按钮，使 Z 轴方向移动指示灯变亮，点击 +，此时 Z 轴将回原点，Z 轴回原点灯变亮，CRT 上的 Z 坐标变为

"0.000"。同样，再分别点击 X 轴，Y 轴方向移动按钮 X ， Y ，使指示灯变亮，点击 + ，此时 X 轴，Y 轴将回原点，X 轴，Y 轴回原点灯变亮。此时 CRT 界面如图 5-8 所示。

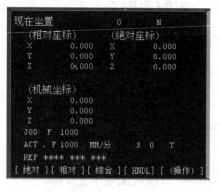

图 5-8 回原点模式界面

5.5.2 手动操作

（1）手动方式

① 点击操作面板上的"手动"按钮，使其指示灯亮，机床进入手动模式。

② 分别点击 X ， Y ， Z 键，选择移动的坐标轴。

③ 分别点击 + ， - 键，控制机床的移动方向（选择 快速 按钮，可实现快速移动）。

④ 点击 控制主轴的转动和停止（此时应使键 主轴手动 的指示灯亮）。

注：刀具切削零件时，主轴需转动。

（2）手动脉冲方式

① 点击操作面板上的"手动脉冲"按钮 或 ，使指示灯变亮。

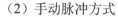

② 点击右下角按钮 ，显示手轮（见图 5-9）。

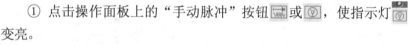

图 5-9 显示手轮

③ 鼠标对准"轴选择"旋钮 ，点击左键（旋钮逆时针转）或右键（旋钮顺时针转），选择坐标轴。

④ 鼠标对准"手轮进给速度"旋钮 ，点击左键或右键，选择合适的脉冲当量。

⑤ 鼠标对准手轮 ，点击左键或右键，精确控制机床的移动。

⑥ 点击 控制主轴的转动和停止（此时应使键 主轴手动 的指示灯亮）。

⑦ 点击 ，可隐藏手轮。

5.5.3 对刀

对刀是数控加工中最重要的操作内容，目的是通过刀具或对刀工具确定工件坐标系原点（程序原点）在机床坐标系中的位置，它是数控加工中最重要的操作内容，其准确性将直接影响零件的加工精度。下面以应用最广的立式加工中心为例说明常用的对刀方法。

（1）X、Y 方向的对刀

X、Y 方向的对刀常用的对刀工具有标准刚性靠棒，机械寻边器，光电寻边器。其中刚性靠棒结构简单、成本低、校正精度不高，对于要求不太高的零件可采用此法；机械寻边器要求主轴转速设定在 500r/min 左右，该对刀法精度高、无需维护、成本适中，在生产实际中应用广泛；光电寻边器对刀主轴要求不转，对刀精度高，需维护，成本较高。在实际加工过程中考虑到成本和加工精度问题一般选用机械寻边器来进行对刀找正。

需注意的是：无论用哪种对刀方法对刀，其对刀原理相同。

① 刚性靠棒 X、Y 方向对刀。

a. 装夹零件。本例装夹的工件为 250mm×250mm×100mm。

b. 基准工具。

点击菜单"机床/基准工具"，弹出的基准工具对话框中，左边的是刚性靠棒基准工具，右边的是寻边器（见图5-10）。

c. X 轴方向对刀（先对毛坯右边）。

点击操作面板中的按钮 [img] 进入"手动"方式；点击 MDI 键盘上的 [POS]，使 CRT 界面上显示坐标值；借助"视图"菜单中的动态旋转、动态放缩、动态平移等工具，适当点击 [X]，[Y]，[Z] 按钮和 [+]，[-] 按钮，将机床移动到如图 5-11 所示的大致位置。

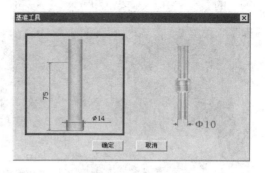

图 5-10 基准工具

移动到大致位置后，可以采用手轮调节方式移动机床，点击菜单"塞尺检查/1mm"，基准工具和零件之间被插入塞尺。如图 5-12 所示（紧贴零件的深色物件为塞尺）。点击操作面板上的手动脉冲按钮 [img] 或 [img]，使手动脉冲指示灯变亮 [img]，采用手动脉冲方式精确移动机床，点击 [img] 显示手轮，将手轮对应轴旋钮 [img] 置于 X 档，调节手轮进给速度旋钮 [img]，在手轮 [img] 上点击鼠标左键或右键精确移动靠棒。使得提示信息对话框显示"塞尺检查的结果：合适"，如图 5-12 所示。

图 5-11 X 轴方向的对刀（一）

图 5-12 X 轴方向的对刀（二）

记下塞尺检查结果为"合适"时 CRT 界面中的 X 坐标值，此为基准工具中心的 X 坐标，记为 X_1（这里 $X_1=-167$），如图 5-13 所示。点击菜单"塞尺检查/收回塞尺"将塞尺收回，点击 [img]，机床转入手动操作状态，点击 [Z] 和 [+] 按钮，将 Z 轴提起。将刀具移至毛坯的左边，同样操作，当塞尺检查结果为"合适"时 CRT 界面中的 X 坐标值记为 X_2（$X_2=-433$）。

则工件上表面中心的 X 坐标 X_0 为 $(X_1+X_2)/2=-300$。

d. Y 方向对刀采用同样的方法，如图 5-14 所示。得到工件中心的 Y 坐标，记为 Y_0（$Y_0=-215$）。

完成 X，Y 方向对刀后，点击菜单"机床/拆除工具"拆除基准工具。

② 使用寻边器对刀。

寻边器由固定端和测量端两部分组成，对刀时主要是观察这两部分不同轴的晃动程度。

a. X 轴方向对刀。

点击操作面板中的按钮 [img] 进入"手动"方式；点击 MDI 键盘上的 [POS] 使 CRT 界面显示坐标值；借助"视图"菜单中的动态旋转、动态放缩、动态平移等工具，适当点击操作面板上的 X , Y , Z 按钮和 + , - 按钮,将机床移动到如图 5-11 所示的大致位置。

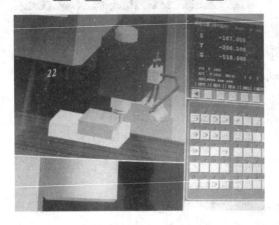
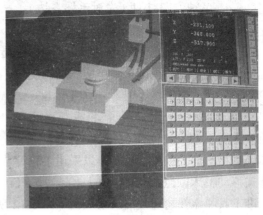

图 5-13 X 方向的对刀（三）　　　　　图 5-14 Y 方向的对刀

在手动状态下,点击操作面板上的 ⊙ 或 ⊙ 按钮,使主轴转动。未与工件接触时,寻边器测量端大幅度晃动。

移动到大致位置后,可采用手动脉冲方式移动机床,点击操作面板上的手动脉冲按钮 ⊙ 或 ⊙ ,使手动脉冲指示灯变亮 ⊙ ,采用手动脉冲方式精确移动机床,点击 ⊙ 显示手轮,将手轮对应轴旋钮 ⊙ 置于 X 档,调节手轮进给速度旋钮 ⊙ ,在手轮 ⊙ 上点击鼠标左键或右键精确移动寻边器。寻边器测量端晃动幅度逐渐减小,直至固定端与测量端的中心线重合,如图 5-15(a)所示,若此时用增量或手轮方式以最小脉冲当量进给,寻边器的测量端突然大幅度偏移,如图 5-15(b)所示。即认为此时寻边器与工件恰好吻合。

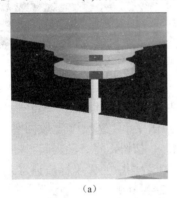
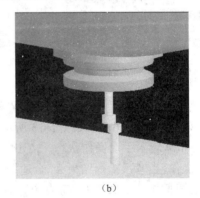

(a)　　　　　　　　　　　(b)

图 5-15 寻边器对刀

记下寻边器与工件恰好吻合时 CRT 界面中的 X 坐标,此为基准工具中心的 X 坐标,记为 X_1。将刀具移至毛坯的左边,同样操作得 X_2。

则工件上表面中心的 X 坐标 X_0 为 $(X_1+X_2)/2$。

b. Y 方向对刀采用同样的方法。得到工件中心的 Y 坐标,记为 Y_0。

完成 X, Y 方向对刀后,点击菜单"机床/拆除工具"拆除基准工具。

(2) Z 向对刀

铣床 Z 轴对刀时采用实际加工时所要使用的刀具。

这里选择直径为 20 的平铣刀。

① 塞尺检查法。

装好刀具后，点击操作面板中的按钮 [MMM] 进入 "手动" 方式。

利用操作面板上的 [X]，[Y]，[Z] 按钮和 [+]，[-] 按钮，将机床移到如图 5-16 的大致位置。

类似在 X，Y 方向对刀的方法进行塞尺检查，得到 "塞尺检查：合适" 时 Z 的坐标值，记为 Z_1（Z_1=-383.227），如图 5-17 所示。则工件中心的 Z 坐标值为 Z_1 减去塞尺厚度，记为 Z_0（Z_0=-384.227）。

图 5-16　塞尺法 Z 向对刀

图 5-17　Z 向对刀完成

② 试切法。

装好刀具后，利用操作面板上的 [X]，[Y]，[Z] 按钮和 [+]，[-] 按钮，将机床移到工件上表面的大致位置。

打开菜单 "视图/选项" 中 "声音开" 和 "铁屑开" 选项。

点击操作面板上 [⟳] 使主轴转动；通过手轮操作刀具向下移动，切削零件的声音刚响起时停止（或者看到铁屑停止），使铣刀将零件切削小部分，记下此时 Z 的坐标值，记为 Z_0（Z_0=-384.227），如图 5-18 所示。

图 5-18　试切法 Z 向对刀

(3) G54 工件坐标值

通过上述方法对刀得到的坐标值（X_0，Y_0，Z_0）即为工件坐标系原点在机床坐标系中的坐标值。

5.5.4 设置参数

（1）G54～G59 参数设置

在 MDI 键盘上点击 OFFSET/SETTING 键，按软键"坐标系"进入坐标系参数设定界面，如图 5-19 所示。

可以用方位键 ↑ ↓ ← → 选择所需的坐标系和坐标轴，利用 MDI 键盘输入通过对刀得到的工件坐标原点在机床坐标系中的坐标值。这里首先将光标移到 G54 坐标系 X 的位置，在 MDI 键盘上输入"–300."，按软键"输入"或按 INPUT，参数输入到指定区域。同样，输入"Y–215."，按 INPUT；输入"Z–384.227"，按 INPUT。此时 CRT 界面如图 5-20 所示。

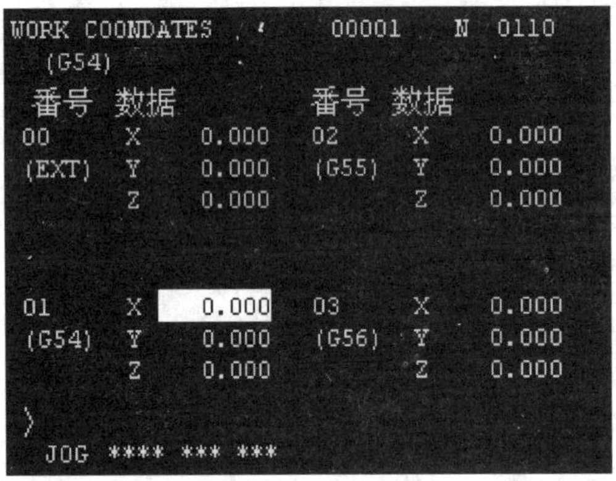

图 5-19　坐标设定界面　　　　图 5-20　G54 坐标设置

注：输入的整数后须带点。如 X 坐标值为–300，需输入"X–300."；若输入"X–300"，则系统默认为–0.300。

如果按软键"+输入"，键入的数值将和原有的数值相加以后输入。

（2）设置刀具补偿参数

铣床及加工中心的刀具补偿包括刀具的半径和长度补偿。

① 输入刀具半径补偿参数。

FANUC 0i 的刀具半径补偿包括形状半径补偿和磨耗半径补偿。

a. 在 MDI 键盘上点击 OFFSET/SETTING 键，按软键"补正"进入工具补偿设定界面，如图 5-21 所示。

b. 用方位键 ↑ ↓ 选择所需的番号，并用 ← → 确定需要设定的半径补偿是形状补偿还是磨耗补偿，将光标移到相应的区域。

c. 点击 MDI 键盘上的数字/字母键，输入刀具半径补偿参数（这里输入"10."）。

d. 按软键"输入"或按 INPUT，参数输入到指定区域。按 CAN 键逐字删除输入域中的字符。

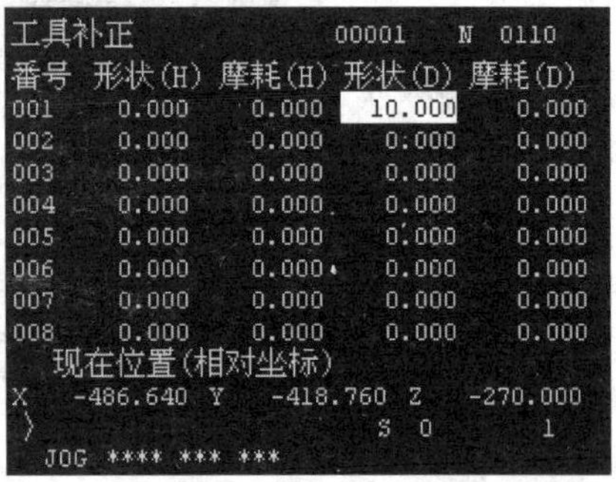

图 5-21　工具补偿设定界面

② 输入长度补偿参数。

FANUC 0i 的刀具长度补偿包括形状长度补偿和磨耗长度补偿。

a. 在 MDI 键盘上点击 OFFSET/SETTING 键，进入工具补偿设定界面，如图 5-21 所示。

b. 用方位键 ↑ ↓ ← → 选择所需的番号，并确定需要设定的长度补偿是形状补偿还是磨耗补偿，将光标移到相应的区域。

c. 点击 MDI 键盘上的数字/字母键，输入刀具长度补偿参数。

d. 按软键"输入"或按 INPUT，参数输入到指定区域。

5.5.5 数控程序处理

（1）导入数控程序

数控程序可以通过记事本或写字板等编辑软件输入并保存为文本格式文件，也可直接用 FANUC 0i 系统的 MDI 键盘输入。

① 点击菜单"机床/DNC 传送"，在弹出的对话框中（见图 5-22）选择所需的 NC 程序，按"打开"确认（这里选择 D:\ NC\01）。

② 点击操作面板上的编辑键 ◇，编辑状态指示灯变亮 ◇，此时已进入编辑状态。点击 MDI 键盘上的 PROG，CRT 界面转入编辑页面。再按软键"操作"，在出现的下级子菜单中按软键 ▶，按软键"READ"，点击 MDI 键盘上的数字/字母键，输入程序名"01"，按软键"EXEC"，则数控程序被导入并显示在 CRT 界面上，如图 5-23 所示。

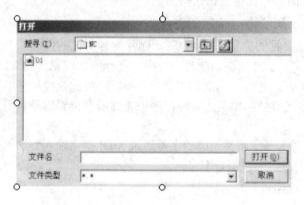

图 5-22 导入数控程序（一）

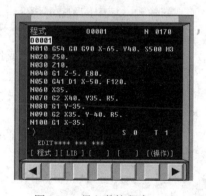

图 5-23 导入数控程序（二）

（2）数控程序管理

① **显示数控程序目录。**

在编辑状态下，按软键"LIB"，数控程序名会显示在 CRT 界面上，如图 5-24 所示。

② 选择一个数控程序。

经过导入数控程序操作后，点击 MDI 键盘上的 PROG，CRT 界面转入编辑页面。利用 MDI 键盘输入"OX"（X 为数控程序目录中显示的程序号），按 ↓ 键开始搜索，搜索到后"OXXXX"显示在屏幕首行程序号位置，NC 程序显示在屏幕上。

③ 删除数控程序。

图 5-24 显示数据程序目录

点击操作面板上的编辑 ◇ ,编辑状态指示灯变亮 ◇ ,此时已进入编辑状态。点击 MDI 键盘上的 PROG,CRT 界面转入编辑页面。利用 MDI 键盘输入"0X"(X 为要删除的数控程序在目录中显示的程序号),按 DELETE 键,程序即被删除。

利用 MDI 键盘输入"0-9999",按 DELETE 键,全部数控程序即被删除。

④ 新建一个 NC 程序。

点击操作面板上的编辑 ◇ ,编辑状态指示灯变亮 ◇ ,此时已进入编辑状态。点击 MDI 键盘上的 PROG,CRT 界面转入编辑页面。利用 MDI 键盘输入"0x"(x 为程序号,但不可以与已有程序号的重复)按 INSERT 键,CRT 界面上显示一个空程序,可以通过 MDI 键盘开始程序输入。输入一段代码后,按 INSERT 键输入域中的内容显示在 CRT 界面上,用回车换行键 EOB 结束一行的输入后换行。

⑤ 编辑程序。

点击操作面板上的编辑 ◇ ,编辑状态指示灯变亮 ◇ ,此时已进入编辑状态。点击 MDI 键盘上的 PROG,CRT 界面转入编辑页面。选定了一个数控程序后,此程序显示在 CRT 界面上,可对数控程序进行编辑操作。

移动光标:按 PAGE↑ 和 PAGE↓ 用于翻页,按方位键 ↑ ↓ ← → 移动光标。

插入字符:先将光标移到所需位置,点击 MDI 键盘上的数字/字母键,将代码输入到输入域中,按 INSERT 键,把输入域的内容插入到光标所在代码后面。

删除输入域中的数据:按 CAN 键用于删除输入域中的数据。

删除字符:先将光标移到所需删除字符的位置,按 DELETE 键,删除光标所在的代码。

查找:输入需要搜索的字母或代码;按 ↓ 开始在当前数控程序中光标所在位置后搜索。代码可以是:一个字母或一个完整的代码。例如:"N0010","M"等。如果此数控程序中有所搜索的代码,则光标停留在找到的代码处;如果此数控程序中光标所在位置后没有所搜索的代码,则光标停留在原处。

替换:先将光标移到所需替换字符的位置,将替换成的字符通过 MDI 键盘输入到输入域中,按 ALTER 键,把输入域的内容替代光标所在的代码。

注:按 RESET 键可将程序中光标移至程序首行。

⑥ 保存程序。

点击操作面板上的编辑 ◇ ,编辑状态指示灯变亮 ◇ ,此时已进入编辑状态。点击 MDI 键盘上的 PROG,CRT 界面转入编辑页面。按软键"操作",在下级子菜单中按软键"Punch",在弹出的对话框中输入文件名,选择文件类型和保存路径,按"保存"按钮。如图 5-25 所示。

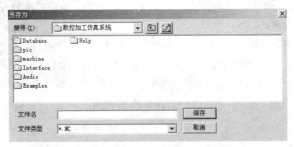

图 5-25 保存程序

5.5.6 程序运行

（1）自动加工方式

① 自动加工流程。

a. 检查机床是否回零，若未回零，先将机床回零。

b. 导入数控程序或自行编写一段程序。

c. 点击操作面板上的"自动运行"按钮，使其指示灯变亮。

d. 点击操作面板上的 ，程序开始执行。

注：

点击操作面板上的"单节"按钮 进入单段方式，则执行每一行程序段均需点击一次 按钮。

点击"单节跳过"按钮 ，则程序运行时跳过符号"/"有效，该行成为注释行，不执行。

点击"选择性停止"按钮 ，则程序中 M01 有效。

可以通过主轴倍率旋钮 和进给倍率旋钮 来调节主轴旋转的速度和移动的速度。

② 中断运行。

数控程序在运行过程中可根据需要暂停、停止、急停和重新运行。

a. 数控程序在运行时，按暂停键 ，程序停止执行；再点击 键，程序从暂停位置开始执行。

b. 数控程序在运行时，按停止键 ，程序停止执行；再点击 键，程序从开头重新执行。

c. 数控程序在运行时，按下急停按钮 ，数控程序中断运行，继续运行时，先将急停按钮松开，再按 按钮，余下的数控程序从中断行开始作为一个独立的程序执行。

d. 按 RESET 键可将停止程序运行，再按 按钮程序从开头重新执行。

（2）检查运行轨迹

① 点击操作面板上的"自动运行"按钮，使其指示灯变亮。

② 点击 MDI 键盘上的 PROG 按钮，点击数字/字母键，输入"01"，按软键"0 检索"调出程序。

③ 点击 CUSTOM GRAPH 按钮，进入检查运行轨迹模式。

④ 点击操作面板上的循环启动按钮 ，即可观察数控程序的运行轨迹。

【本章小结】

本章简单介绍了数控加工中心的组成、分类及特点，介绍了加工中心的刀库及换刀，通过实例介绍了加工中心的编程。详细介绍了加工中心的操作。

思考与练习题

一、填空题

1. 加工中心主要由（   ）、（   ）、（   ）、（   ）部分组成。

2. 加工中心常见的换刀类型有（   ）、（   ）。

3. 加工中心 X、Y 方向常用的对刀方法有（　　）、（　　）。
4. 加工中心的工序属于（　　）型工序，其加工（　　）高，加工（　　）稳定。
5. 加工中心适合加工的零件有（　　）、（　　）、（　　）、（　　）几种类型。

二、判断题

1. （　　）加工中心是一种多工序集中的数控机床。
2. （　　）数控系统是加工中心执行顺序控制动作和控制加工过程的中心。
3. （　　）加工中心的编程与数控铣床完全相同。
4. （　　）加工中心 Z 向对刀一般采用机械寻边器对刀。
5. （　　）加工中心备有刀库并能自动换刀。

三、简答题

1. 加工中心的定义？
2. 加工中心有哪些部件组成？
3. 加工中心按照外形及功能分哪几类？有何优缺点？
4. 刀库有哪几种形式？哪种刀库容量最大？
5. 简述加工中心的换刀过程。
6. 加工中心加工特点有哪些？
7. 简述加工中心有机械手的换刀程序。

四、编程题

试按照 FANUC 0i 系统加工中心编程指令格式完成图 5-26、图 5-27 所示零件的程序编制，并建立工件坐标系。

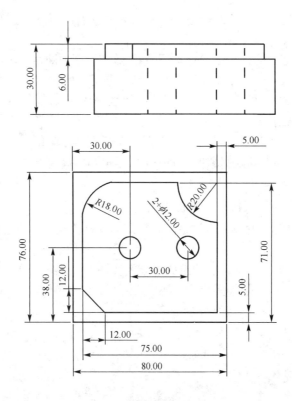

图 5-26　编程题图（一）

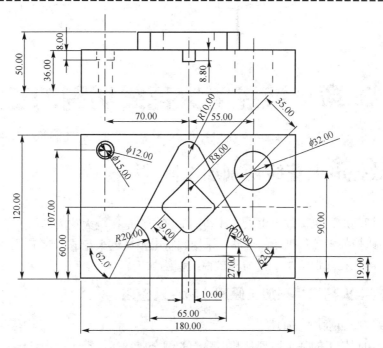

图 5-27 编程题图（二）

第 6 章 数控电火花线切割加工编程

6.1 数控电火花线切割加工概述

数控线切割加工也称数控电火花线切割加工,它是在电火花成形加工基础上发展起来的。因其由数控装置控制机床的运动,采用线状电极通过火花放电对工件进行切割加工,故称为数控电火花线切割加工,简称数控线切割加工。

6.1.1 数控电火花线切割加工原理、特点及应用

(1) 数控线切割加工原理

数控线切割加工的基本原理是利用移动的细金属导线(铜丝或钼丝等)作负电极对导电或半导电材料的工件(作为正电极)进行脉冲火花放电,从而达到所要求的尺寸的加工。线切割加工时,线电极一方面相对工件不断地往上(下)移动(慢速走丝是单向移动,快速走丝是往返移动);另一方面,装夹工件的十字工作台,由数控伺服电动机驱动,在 X、Y 轴方向实现切割进给,使线电极沿加工图形的轨迹,对工件进行切割加工。图 6-1 所示是数控线切割加工的原理图。这种切割是依靠电火花放电作用来实现的,它是在线电极和工件之间加上脉冲电压,同时在线电极和工件之间浇上矿物油、乳化液或去离子水等工作液,不断产生电火花放电,使工件被电蚀,从而完成工件的加工。

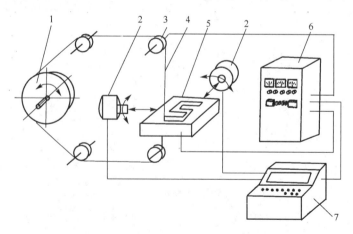

图 6-1 电火花线切割结构示意图

1—贮丝筒;2—工作台驱动电机;3—导轮;
4—电极丝;5—工件(含工作台);6—脉冲电源;7—控制器

(2) 数控线切割加工的特点

① 它是以金属线为工具电极,大大降低了成形工具电极的设计和制造费用,缩短了

生产准备时间，加工周期短。

② 除了金属丝直径决定的内侧角部的最小半径 R（金属丝半径+放电间隙）受限制外，任何微细、异形孔，窄形孔，窄缝和复杂形状的零件，只要能编制出加工程序就可以进行加工，其加工周期短、应用灵活，因而适合于小批量零件和试制品的加工。

③ 无论被加工工件的硬度如何，只要是导电体或半导体的材料都能进行切削加工。由于加工中工具电极和工件不直接接触，没有像机械加工那样的切削力，因此，也适宜于加工低刚度工件及细小零件。

④ 由于电极丝比较细，切缝很窄，只对工件材料进行"套料"加工，实际金属去除量很少，轮廓加工时所需余量也少，故材料的利用率很高，能有效地节约贵重金属材料。

⑤ 由于采用移动的长电极丝进行加工，使单位长度电极丝的损耗较小，从而对加工精度的影响比较小，特别在低速走丝线切割加工时，电极丝一次使用，电极损耗对加工精度的影响更小。

⑥ 依靠数控系统的线径补偿功能，使冲模加工的凹凸模间隙可以任意调节。

⑦ 采用四轴联动控制时，可加工上、下面异形体，形状扭曲的曲面体，变锥度和球形体等零件。

(3) 数控线切割的加工应用

数控线切割加工为新产品试制、精密零件及模具加工开辟了一条新途径，主要应用于以下几个方面。

① 加工模具。适用于各种形状的冲模，调整不同的补偿量，只需一次编程就可切割凸模、凸模固定板、凹模卸料板等，模具配合间隙、加工精度一般都能达到要求。此外，还可加工挤压模、粉末冶金模、弯曲模、塑料模等通常带锥度的模具。

② 加工电火花成形加工用的电极。一般穿孔加工的电极以及带锥度型腔加工的电极，对于铜钨、银钨合金之类的材料，用线切割加工特别经济，同时也适用于加工微细复杂形状的电极。

③ 加工零件。在试制新产品时，用线切割在板料上直接割出零件，例如切割特殊微电机硅钢片定转子铁心。由于不需另行制造模具，可大大缩短周期、降低成本。同时修改设计、变更加程序比较方便。加工薄件时还可多片叠在一起加工。在零件制造方面，可用于加工品种多，数量少的零件，特殊难加工材料的零件，材料试验样件，各种型孔、凸台、样板、成形刀具，同时还可以进行微细加工和异形槽加工等。

6.1.2 数控电火花线切割加工工艺指标及影响因素

(1) 主要工艺指标

① 切割速度 v_{wi}。在保持一定表面粗糙度的切割加工过程中，单位时间电极中心线在工件上切过的面积总和称为切割速度，单位为 mm^2/min。切割速度是反映加工效率的一项重要指标，数值上等于电极丝中心线沿图形加工轨迹的进给速度乘以工件厚度。通常高速走丝线切割速度为 $40\sim80mm^2/min$，慢速走丝线切割速度可达 $350mm^2/min$。

② 切割精度。线切割加工后，工件的尺寸精度、形状精度（如直线度、平面度、圆度等）和位置精度（如平行度、垂直度、倾斜度等）称为切割精度。快速走丝线切割精度可达 $0.01mm$，一般为 $\pm 0.015\sim0.02mm$；慢速走丝线切割精度可达 $\pm 0.001mm$ 左右。

③ 表面粗糙度。线切割加工中的工件表面粗糙度通常用轮廓算术平均值偏差 R_a 值来

表示，一般为 1.25～2.5μm，最高可达 0.63～1.25μm；慢速走丝线切割的 R_a 值可达 0.3μm。

④ 电极丝损耗量。对高速走丝机床，用电极丝在切割 10000mm² 面积后电极丝直径的减少量来表示，一般每切割 10000mm² 后，钼丝直径减小不应大于 0.01mm。

(2) 影响工艺指标的主要因素

① 脉冲电源主要参数的影响。

a. 放电峰值电流 i_e 的影响。i_e 是决定单脉冲能量的主要因素之一。i_e 增大时，线切割加工速度提高，但表面粗糙度变差。电极丝损耗比加大甚至断丝。i_e 一般小于 40A，平均电流小于 5A，低速走丝线切割加工时，因脉冲很窄，电极丝较粗，故有 i_e 大于 50A。

b. 脉冲宽度 t_i 影响。t_i 主要影响加工速度和表面粗糙度。加大 t_i 可提高加工速度，但表面粗糙度变差。一般 t_i=2～60μs，在分组脉冲及光整加工时可小至 0.5μs 以下。

c. 脉冲间隔 t_o 的影响。t_o 直接影响平均电流。t_o 减小时平均电流增大，切割速度加快，但 t_o 过小，会引起电弧和断丝。一般取 t_o=（4～8）t_i。在刚切入或大厚度加工时，应取较大的值。

d. 空载电压（开路电压）u_i 的影响。该值会引起放电峰值电流和电加工间隙的改变。u_i 提高，加工间隙增大，切缝宽，排屑变易，提高了切割速度和加工稳定性，但易造成电极振动，使加工面形状精度和粗糙度变差。通常 u_i 的提高还会使线电极损耗加大。

e. 放电波形的影响。在相同的工艺条件下，高频分组脉冲常常能获得较好的加工效果。电流波形的前沿上升比较缓慢时，电极丝损耗较少。不过当脉宽很窄时，必须要有陡的前沿才能进行有效的加工。

② 线电极及其走丝速度的影响。

a. 线电极直径的影响。线切割加工中使用的线电极直径，一般为 ϕ0.03～0.35mm，线电极材料不同，其直径范围也不同，一般纯铜丝为 ϕ0.15～0.30mm；黄铜丝为 ϕ0.1～0.35mm；钼丝为 ϕ0.06～0.25mm；钨丝为 ϕ0.03～0.25mm。电火花线切割加工的加工量为 U_W，是切缝宽、切深和工件厚度的乘积。切缝宽是由线电极直径和放电间隙决定的，所以，线电极直径愈细，其加工量就愈少。但是线电极一细，允许通过的电流就会变小，切割速度会随线电极直径的变细而下降。另一方面，如果增大线电极的直径，允许通过的加工电流就可以增大，加工速度增快，但是加工槽宽增大，加工量也增大，因而必须增加由于加工槽加宽所增加的那一部分电流。线电极允许通过的电流是跟线电极直径的平方成正比的，而切缝宽仅与线电极的直径成正比，因此切割速度与线电极直径成正比的增加，线电极直径越粗，切割速度越快，而且还有利于厚度工件的加工。但是线电极直径的增加，要受加工工艺要求的约束，另外增大加工电流，加工表面的粗糙度会变差，所以线电极直径的大小，要根据工件厚度，材料和加工要求进行确定。

b. 线电极走丝速度的影响。在一定范围内，随着走丝速度的提高，线切割速度也可以提高，提高走丝速度有利于电极丝把工作液带入较大厚度的工件放电间隙中，有利于电蚀产物的排除和放电加工的稳定。走丝速度也影响电极在加工区的逗留时间和放电次数，从而影响电极的损耗。但走丝速度过高，将使电极丝的振动加大，降低精度、切割速度，并使表面粗糙度变差，且易造成断丝，所以，高速走丝线切割加工时的走丝速度一般以小于 10m/s 为宜。

在慢速走丝线切割加工中，电极丝材料和直径有较大的选择范围，高生产率时可用 ϕ0.3mm 以下的镀锌黄铜丝，允许较大的峰值电流和气化爆炸力。精微加工时可用

$\phi 0.03$mm 以上的钼丝。由于电极丝张力均匀，振动较少，所以加工稳定性、表面粗糙度、精度指标等均较好。

③ 工件厚度及材料的影响。

工件材料薄，工作液容易进入并充满放电间隙，对排屑和消电离有利，加工稳定性好。但工件太薄，金属丝易产生抖动，对加工精度和表面粗糙度不利。工件厚，工作液难于进入和充满放电间隙，加工稳定性差，但电极丝不易抖动，因此精度和表面粗糙度较好。切割速度 v_{wi} 起先随厚度的增加而增加，达到某一最大值（一般为 $50\sim100\text{mm}^2/\text{min}$）后开始下降，这是因为厚度过大时，排屑条件变差。

工件材料不同，其熔点、气化点、热导率等都不一样，因而加工效果也不同。例如采用乳化液加工时：

a. 加工铜、铝、淬火钢时，加工过程稳定，切割速度高。

b. 加工不锈钢、磁钢、未淬火高碳钢时，稳定性较差，切割速度较低，表面质量不太好。

c. 加工硬质合金时，比较稳定，切割速度较低，表面粗糙度好。

此处，机械部分精度（例如导轨、轴承、导轮等磨损、传动误差）和工作液（种类、浓度及其脏污程度）都会影响加工效果。当导轮、轴承偏摆，工作液上下冲水不均匀，会使加工表面产生上下凹凸相间的条纹，工艺指标将变差。

④ 诸因素对工艺指标的相互影响关系。

前面分析了各主要因素对线切割加工工艺指标的影响。实际上，各因素对工艺指标的影响往往是相互依赖又相互制约的。

切割速度与脉冲电源的电参数有直接的关系，它将随单个脉冲能量的增加和脉冲频率的提高而提高。但有时也受到加工条件或其他因素的影响。如工作液种类、浓度、脏污程度的影响，稳定性和机械传动精度的影响等。合理地选择搭配各因素指标，可使两极间维持最佳的放电条件，以提高切割速度。

表面粗糙也主要取决于单个脉冲电能量的大小，但线电极的走丝速度和抖动状况等因素对表面粗糙度的影响也很大，而线电极的工作状况则与所选择的线电极材料、直径和张紧力大小有关。

加工精度主要受机械传动精度的影响，但线电极的直径、放电间隙大小、工作液喷流量大小和喷流角度等也影响加工精度。

因此，在线切割时，要综合考虑各因素对工艺指标的影响，善于取其利、去其弊，以充分发挥设备性能，达到最佳的切割加工效果。

6.2 数控电火花线切割加工工艺简介

6.2.1 数控电火花线切割加工工艺步骤

数控线切割加工，一般作为工件加工的最后一道工序，使工件达到图样规定的尺寸、形位精度和表面粗糙度。下面就数控线切割加工中的有关工艺技术内容进行讨论。

(1) 零件图的工艺分析

主要分析零件的凹角和尖角是否符合切割加工的工艺条件,零件的加工精度、表面粗糙度是否在线切割加工所能达到的经济范围内。

a. 凹角和尖角的尺寸分析。因线电极具有一定的直径 d,加工时又有放电间隙 δ,使线电极中心的运动轨迹与加工面相距 L,即 $L=d/2+\delta$,如图 6-2 所示。因此,加工凸模类零件时,线电极中心轨迹应放大,加工凹模类零件时,线电极中心轨迹应缩小,如图 6-3 所示。

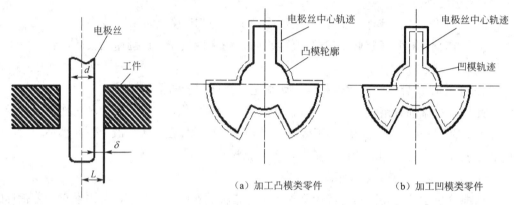

图 6-2　线电极与工件加工面的位置关系

图 6-3　线电极中心轨迹的偏移

在线切割加工时,在工件的凹角处不能得到"清角",而是圆角。对于形状复杂的精密冲模,在凸模、凹模设计图样上应说明拐角处的过渡圆弧半径 R。同一副模具的凸模、凹模中,R 值要符合下列条件,才能保证加工的实现和模具的正确配合。

对凹角,$R_1 \geqslant d/2+\delta$

对尖角,$R_2 = R_1 - \Delta$

式中　R_1——凹角圆弧半径;

　　　R_2——尖角圆弧半径;

　　　Δ——凸模、凹模的配合间隙。

b. 表面粗糙度及加工精度分析。电火花切割加工表面和机械加工的表面不同,它是由无方向性的无数小坑和硬凸边所组成,特别有利于保存润滑油;而机械加工表面则存在着切削或磨削刀痕,具有方向性。两者相比,在相同的表面粗糙度和有润滑油的情况下,其表面润滑性能和耐磨性能均比机械加工表面好。所以,在确定加工表面粗糙度 R_a 值时要考虑到此项因素。合理确定线切割加工表面粗糙度 R_a 的值很重要。

(2) 工艺准备

工艺准备主要包括线电极准备、工件准备和工作液配制。

① 线电极准备。

a. 线电极材料的选择。目前线电极材料的种类很多。表 6-1 是常用电极材料的特点,可供参考。

表 6-1 各种线电极的特点

材　料	线　径	特　点
纯铜	0.1～0.5	适合切割速度要求不高或精加工时用。丝不易卷曲，抗拉强度低，容易断丝
黄铜	0.1～0.30	适合于高速加工，加工面的蚀屑附着少。表面粗糙度和加工面的平直度也较好
专用黄铜	0.05～0.35	适合于高速、高精度和理想的表面粗糙度加工以及自动穿丝，但价格高
钼	0.06～0.25	由于它的抗拉强度高，一般用于快速走丝，在进行微细、窄缝加工时，也可用于慢速走丝
钨	0.03～0.10	由于抗拉强度高，可用于各种窄缝的微细加工，但价格昂贵

一般情况下，快速走丝机床常用钼丝作线电极，钨丝或其他昂贵金属因成本高而很少用，慢速走丝机床则可用各种铜丝、铁丝、专用合金丝等作线电极。

b. 线电极直径的选择。线电极直径 d 应根据工件加工的切缝宽窄、工件厚度及拐角尺寸大小等来选择。线电极直径 d 与拐角半径 R 的关系为 $d \leqslant 2(R-\delta)$，如图 6-4 所示。

② 工件准备

a. 工件材料的选定和处理。工件材料的选择是由图样设计时确定的。作为模具加工，在加工前毛坯需经锻造和热处理。锻造后的材料在锻打方向与其垂直方向会有不同的残余应力；淬火后也会出现裂纹，加工过程中残余应力的释放会使工件变形，从而达不到加工尺寸精度要求，淬

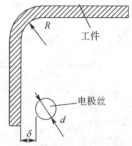

图 6-4　线电极直径与拐角的关系

火不当的工件会在加工过程中出现裂纹，因此，工件需经二次以上回火或高温回火。例如，以线切割加工为主要工艺时，钢件的加工工艺路线一般为：下料→锻造→退火→机械粗加工→淬火与高温回火→磨削加工（退磁）→线切割加工→钳工修整。

为了避免或减少上述情况，应选择锻造性能好、淬透性好、热处理变形小的材料。

b. 工件加工基准的选择。为了便于线切割加工，根据工件外形和加工要求，应准备相应的校正和加工基准，并且此基准应尽量与图形的设计基准一致。常见的有以下两种形式。

Ⅰ 以外形为校正和加工基准。外形是矩形的工件，一般需要有两个相互垂直的基准面，并垂直于工件的上、下平面。如图 6-5 所示。

Ⅱ 以外形为校正基准，内孔为加工基准。无论是矩形、圆形还是其他异形的工件，都应准备一个与工件的上、下平面保持垂直的校正基准，此时其中一个内孔可作为加工基准。如图 6-6 所示。

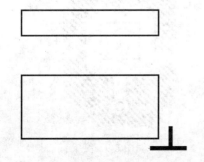

图 6-5　矩形工件的校正和加工基准

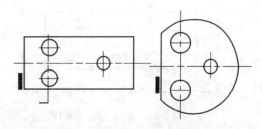

图 6-6　外形一侧边为校正基准，内孔为加工基准

③ 穿丝孔的确定。

a. 切割凸模类零件。为避免将坯件外形切断引起变形，通常在坯件内部外形附近预制穿丝孔。如图 6-7 所示。

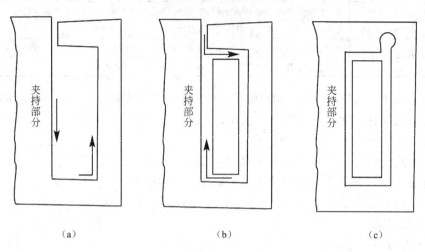

图 6-7　切割起始点和切割路线的安排

b. 切割凹模、孔类零件。此时可将穿丝孔位置选在待切割型腔（孔）内部。

c. 穿丝孔的大小。穿丝孔的大小要适宜，一般不宜太小。如果穿丝孔太小，不但钻孔难度增加，而且也不便于穿丝。但穿丝孔太大，则会增加钳工工艺的难度。一般常用的穿丝孔直径为 $\phi 3\sim 10\mathrm{mm}$。

d. 切割路线的确定。切割起始点和切割路线的确定合理与否，将影响工件变形的大小，从而影响加工精度。

切割孔类零件时，为了减少变形，还可采用二次切割法。如图 6-8 所示。第一次粗加工型孔，各边留余量 0.1～0.5mm，以补偿材料被切割后由于内应力重新分布而产生的变形；第二次切割为精加工。这样就能达到比较满意的效果。

e. 接合突尖的去除方法。由于线电极的直径和放电间隙的关系，在工件切割面的交接处，会出现一个高出加工表面的高线条，称之为突尖，如图 6-9 所示。这个突尖的大小决定于线径和放电间隙。在快速走丝的加工中，用细的线电极加工，突尖一般很小，在慢丝走丝的加工中就比较大，必须将它去除。

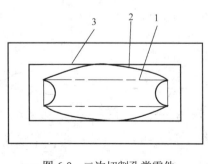

图 6-8　二次切割孔类零件

图 6-9　突尖

1—第一次切割的理论图形；2—第一次切割的实际图形；3—第二次切割的图形

④ 工作液的准备。

根据线切割机床的类型和加工对象，选择工作液的种类、浓度及电导率等。对快速走丝线切割加工，一般常用质量分数为10%左右的乳化液，此时可达到较高的切割速度，对于慢速走丝线切割加工，普遍使用去离子水。适当添加某些导电液有利于提高切割速度。一般使用电阻率为 $2×10^4Ω·cm$ 左右的工作液，可达到较高的切割速度。工作液的电阻率过高或过低均有降低线切割速度的倾向。

(3) 工件的装夹和校正

① 对工件装夹的基本要求。

a. 工件的装夹基准面应清洁无毛刺，经过热处理的工件，在穿丝孔或凹模类工件扩孔的台阶处，要清理热处理液的渣物及氧化膜表面。

b. 夹具精度要高。工件至少用两个侧面固定在夹具上或工作台面上。如图 6-10 所示。

c. 装夹工件的位置要有利于工件的找正，并能满足加工行程的需要，工作台移动时，不得与丝架相碰。

d. 装夹工件的作用力要均匀，不得使工件变形或翘起。

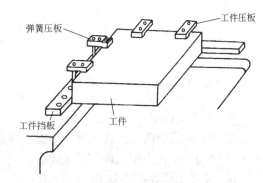

图 6-10　工件的固定

e. 批量零件加工时，最好采用专用夹具，以提高效率。

f. 细小、精密、壁薄的工件应固定在辅助工作台或不易变形的辅助夹具上，如图 6-11 所示。

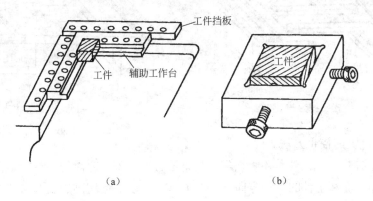

(a)　　　　　　　　　(b)

图 6-11　辅助工作台和夹具

② 工件的装夹方式

a. 悬臂支撑方式装夹工件。

悬臂式装夹如图 6-12 所示，采用悬臂式装夹工件，这种方式装夹方便、通用性强。但由于工件一端悬伸，易出现切割表面与工件上、下平面间的垂直度误差。所以这种方式仅用于工件加工要求不高或悬臂较短的情况。

b. 两端支撑方式装夹工件。

图 6-13 所示是两端支撑方式装夹工件，这种方式装夹方便、稳定，定位精度高，但不

适于装夹较小的零件。

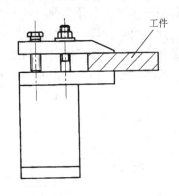

图 6-12 悬臂方式装夹工件

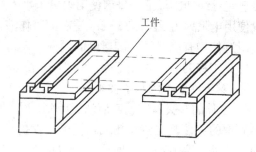

图 6-13 两端支撑方式装夹工件

c. 桥式支撑方式装夹工件。

这种方式是在通用夹具上放置垫铁后再进行装夹工件，如图 6-14 所示。这种方式装夹方便，对大、中、小型工件都能采用。

d. 板式支撑方式装夹工件。

这种方式是在通用夹具上放置垫铁后再装夹工件，如图 6-15 所示。根据常用的工件形状和尺寸，采用有通孔的支撑板装夹工件。这种方式装夹精度高，但通用性差。

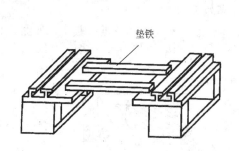

图 6-14 桥式支撑方式装夹工件

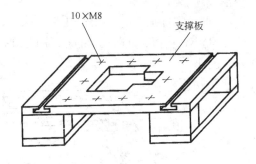

图 6-15 板式支撑方式

③ 工件位置的校正方法。

采用以上方式装夹工件，还必须配合找正法进行调整，方能使工件的定位基准面分别与机床的工作台面和工件的进给方向 x、y 保持平行，以保证切割的表面与基准面之间的位置精度。常用的找正方法如下。

a. 打表法。用百分表找正如图 6-16 所示。用磁力表架将百分表固定在丝架或其他位置上，百分表的测量头与工件基面接触，往复移动工作台，按百分表指示值调整工件的位置，直至百分表指针的偏摆范围达到所要求的数值。找正应在相互垂直的三个方向上进行。

b. 画线法找正。工件的切割图形与定位基准之间的相互位置精度要求不高时，可采用画线法找正，如图 6-17 所示。利用固定在丝架上的划针对正工件划出的基准线，往复移动工作台，目测划针、基准间的偏离情况，将工件调整到正确位置。

c. 固定基面靠定法。固定基面靠定法利用通用或专用夹具纵、横方向的基准面，经过一次校正后，保证基准面与相应坐标方向一致。于是具有相同加工基准面的工件可以直接靠定，就保证了工件的正确加工位置(见图6-18)。

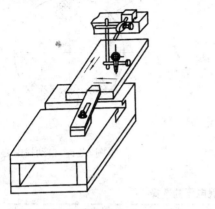

图6-16 用百分表找正

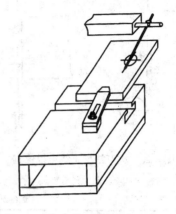

图6-17 划线法找正

④ 线电极的位置校正。

在线切割前，应确定电极相对于工件基准面或基准孔的坐标位置。

a. 目视法。对加工要求较低的工件，在确定线电极与工件有关基准线或基准面相互位置时，可直接利用目视或借助于2～8倍的放大镜来进行观察，如图6-19所示。

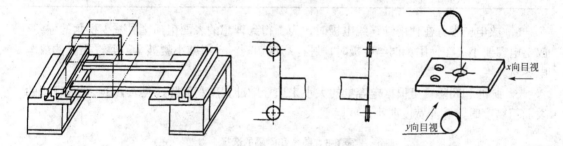

图6-18 固定基面靠定法　　　　　　图6-19 观测基准面校正线电极位置

b. 火花法。火花法是利用线电极与工件在一定间隙时发生火花放电来确定线电极的坐标位置，如图6-20所示。移动拖板，使线电极逼近工件的基准面，待开始出现火花时，记下拖板的相应坐标值来推算线电极中心坐标值。此法简便、易行，但因线电极运转易抖动而会出现误差；放电也会使工件的基准面受到损伤；此外，线电极逐渐逼近基准面时，开始产生脉冲放电的距离，往往并非正常加工条件下线电极与工件间的放电距离。

c. 自动找中心。自动找中心是为了让线电极在工件的孔中心定位，具体方法是：移动横向床鞍，使电极丝与孔相接触，记下坐标值 x_1，反向移动床鞍至另一导通点，记下相 x_2，将拖板移动至两者绝对值之和的一半处，即（$|x_1|+|x_1|$）/2 的坐标位置。同理也可得到 y_1 和 y_2。则基准孔中心与线电极中心相重合的坐标值为（$|x_1|+|x_1|$）/2，（$|y_1|+|y_1|$）/2，如图6-21所示。

(4) 加工参数的选择

① 脉冲电源参数的选择。

a. 空载电压。空载电压的高低，一般可按表6-2所列情况来进行选择。

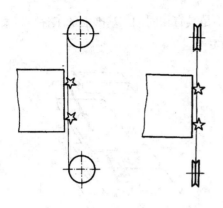

图 6-20 火花法校正线电极位置

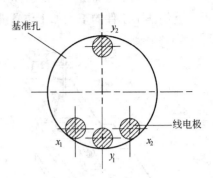

图 6-21 自动找中心

表 6-2 空载电压的选择

空载电压	
低	高
切削速度高	改善表面粗糙度
线径细（0.1mm）	减小拐角塌角
硬质合金加工	纯铜线电极
切缝窄	
减少加工面的腰鼓形	

b. 放电电容。在使用纯铜线电极时，为了得到理想的表面粗糙度，减少拐角的塌角，放电电容要小；在使用黄铜丝电极时，进行高速切割，希望减小腰鼓量，要选用大的放电电容量。

c. 脉冲和间隔。可根据电容量的大小来选择脉冲宽度和间隔，见表 6-3。要求理想的表面粗糙度时，脉冲宽度要小，间隔要大。

表 6-3 脉宽和间隔的选择

电容器容量/μF	脉宽/μs	间隔/μs
0~0.5	2~4	>2.0
0.5~1.0	2~6	>2.0
1.0~3.0	2~6	>2.0

d. 峰值电流。峰值电流 i_e 主要根据表面粗糙度和电极丝直径选择。要求 R_e 值小于 1.25μm 时，i_e 取 4.8A 以下；要求 R_e 值为 1.25~2.5μm 时，i_e 取 6~12A；R_e 值大于 2.5μm 时，i_e 可取更大的值。电极丝直径越粗，i_e 的取值可越大。不同直径钼丝可承受的最大峰值电流见表 6-4。

表 6-4 峰值电流与钼丝直径的关系

钼丝直径/mm	0.06	0.08	0.10	0.12	0.15	0.18
可承受的 i_e/A	15	20	25	30	37	45

② 速度参数的选择。

a. 进给速度。工作台进给速度太快，容易产生短路和断丝，工作台进给速度太慢，加工表面的腰鼓量就会增大，但表面粗糙度较小，正式加工时，一般将试切的进给速度下降10%～20%，以防止短路和断丝。

b. 走丝速度。走丝速度应尽量快一些，对快速走丝来说，会有利于减少因线电极损耗对加工精度的影响，尤其是对厚工件的加工，由于线电极的损耗，会使加工面产生锥度。一般走丝速度是根据工件厚度和切割速度来确定的。

③ 工作液参数的选择。

a. 工作液的电阻率。工作液电阻率需要根据工件材料确定。对于表面在加工时容易形成绝缘膜的钼、铝、结合剂烧结的金刚石，以及受电腐蚀易使表面氧化的硬质合金和表面容易产生气孔的工件材料，要提高工作液的电阻率，一般可按表 6-5 选择。

表 6-5 工作液电阻率的选择

工件材料	钢铁	铝、结合剂烧结的金刚石	硬质合金
工作液电阻率	2～5	5～20	20～40

b. 工作液喷嘴的流量和压力。工作液的流量或压力大，冷却排屑的条件好，有利于提高切割速度和减少加工表面的粗糙度数值。但是在精加工时，要减小工作液的流量或压力，以减小线电极的振动。

④ 线径偏移量的确定。

正式加工前，按照确定的加工条件，切一个与工件相同材料、相同厚度的正方形，测量尺寸，确定线径偏移量。这项工作对第一次加工者是必须要做的，但是当积累了很多的工艺数据或者生产厂家提供了有关工艺参数时，只要查数据即可。

进行多次切割时，要考虑工件的尺寸公差，估计尺寸变化，分配每次切割时的偏移量。偏移量的方向，按切割凸模或凹模以及切割路线的不同而定。

⑤ 多次切割加工参数的选择。

多次切割加工也叫二次切割加工，它是在对工件进行第一次切割之后，利用适当的偏移量和更精的加工规准，使线电极沿原切断轨迹逆向或顺向再次对工件进行精修的切割加工。对快速走丝线切割机床来说，一定要求其数控装置具有以适当的偏移量沿原轨迹逆向加工的功能。对慢速走丝来说，由于穿丝方便，因而一般在完成第一次加工之后，可自动返回到加工的起始点，在重新设定适当的偏移量和精加工规准之后，就可沿原轨迹进行精修加工。

多次切割加工可提高线切割精度和表面质量，修整工件的变形和拐角塌角。一般情况下，采用多次切割能使工件的加工精度达到±0.005mm，圆角和不垂直度小于 0.005mm，表面粗糙度 R_a 值小于 0.63μm。

但如果粗加工后工件变形过大，应通过合理选择材料和热处理方法，正确选择切割路线来尽可能减小工件的变形，否则，多次切割的效果会不好，甚至反而差。

对凹模切割，第一次切除中间废芯后，一般工件留 0.2mm 左右的余量多次切割加工即可，大型工件留 1mm 左右余量多次切割加工。

凸模加工时，若一次必须切下就不能进行多次切割。除此之外，第一次切割加工时，小工件要留一到二处 0.5mm 左右的固定留量，大工件要多留些。对固定留量部分切割下来后的精加工，一般用抛光等方法。

6.2.2 数控电火花线切割典型零件加工工艺分析

数控线切割加工主要应用于加工模具中的零件和各种特殊的微细、薄片类零件。下面分别举例说明以线切割加工为主的典型零件线切割加工工艺路线以及应注意的一些工艺问题。

（1）冷冲模加工

数控线切割加工应用最广的是冷冲模加工，其加工工艺路线与加工顺序的安排分析如下。

① 加工工艺路线。

a．凸模类型工件的工艺路线。图 6-22 所示为一凸模工件。其加工工艺路线安排为：下料——反复或异向锻造——退火——刨上下平面——钳工钻穿丝孔——淬火与回火——磨上下平面——线切割加工成形——钳工修整。对于一定批量或常规生产的小型凸模零件可以在一块坯件上分别依次加工成形。

b．凹模类型工件的工艺路线。图 6-23 所示为一凹模工件。其加工工艺路线为：下料——反复或异向锻造——退火——刨六面——磨上下平面和基面——钳工画线钻穿丝孔——淬火与回火——磨上下平面和基面——线切割加工成形——钳工修配。本例中，磨削基面的目的是为了线切割加工时的找正，基面一般选择工件侧面的一组直角边。另由于工件上有小槽加工，其穿丝孔直径不能大，为了保证穿丝孔与定位面的垂直度，以免影响电极丝与穿丝孔的正确定位，钻削穿丝孔前应对工件的定位和找正基面进行磨削。安排两次磨削也有利于保证上下平面的平行度。

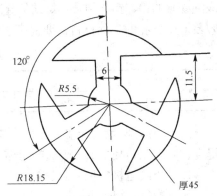

图 6-22 凸模示例

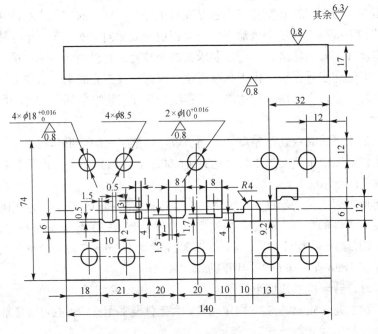

图 6-23 凹模示例

② 加工顺序。

冲模一般主要由凸模、凹模、凸模固定板、卸料板、侧刃、侧导板等部件组成。

在线切割加工时，安排加工顺序的原则是先切割卸料板、凸模固定板等非主要件，然后再切割凸模、凹模等主要件。这样，在切割主要件之前，通过对非主要件的切割，可检验操作人员在编程过程中是否存在错误，同时也能检验机床和控制系统的工作情况，若有问题可及时得到纠正。

在加工中也可用圆柱销将固定板、凹模、卸料板组合起来一次加工。这要求冲裁的材料厚度最好在 0.5mm 以下，如果冲裁的材料厚度大于 0.5mm，凹模和卸料板可一起切割。

③ 加工实例。

a. 数字冲裁模凸凹模的加工。图 6-24 所示为数字冲裁模凸凹模图形。材料为 CrWMn。凸凹模与相应凹模和凸模的双面间隙为 0.01～0.02mm。

因凸模形状较复杂，为满足其技术要求，采用了以下主要措施：

淬火前工件坯料上预制穿丝孔，如图中孔 D；

将所有非光滑过渡的交点用半径为 0.1mm 的过渡圆弧连接；

先切割两个 ϕ2.3mm 小孔，再由辅助穿丝孔位开始，进行凸凹模的成形加工；

选择合理的电参数，以保证切割表面粗糙度和加工精度的要求。

加工时的电参数为：空载电压峰值 80V；脉冲宽度 8μs；脉冲间隔 30μs；平均电流 1.5A。采用快速走丝方式，走丝速度 9m／s；线电极为 ϕ0.12mm 的钼丝；工作液为乳化液。

加工结果如下：切割速度 20～30mm^2／min；表面粗糙度 R_a1.6μm。通过与相应的凸模、凹模试配，可直接使用。

b. 大、中型冷冲模加工。图 6-25 所示为卡箍落料模凹模。工件材料为 Cr12MoV，凹模工作面厚度 10mm。该凹模待加工图形行程长、重量大、厚度高，去除金属量大。为保证工件的加工质量，采取如下工艺措施：

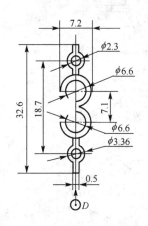

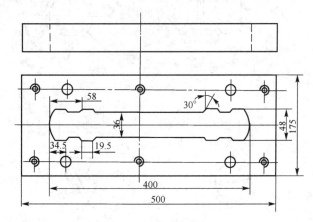

图 6-24　数控冲模的凸凹模图形　　　　图 6-25　卡箍落料模凹模

虽然工件材料已经选择了淬透性好，热处理变形小的高合金钢，但因工件外形尺寸较大，为保证型孔位置的硬度及减少热处理过程中产生的残余应力，除热处理工序应采取必要的措施外，在淬硬前，应增加一次粗加工(铣削或线切割)，使凹模型孔各面均留 2～4mm 的余量。

加工时采用双支撑的装夹方式,即利用凹模本身架在两夹具体定位平面上。

因去除金属重量大,在切割过半,特别是快完成加工时,废料易发生偏斜和位移,而影响加工精度或卡断线电极。为此,在工件和废料块的上平面上,添加一平面经过磨削的永久磁钢,以利于废料块在切割的全过程中位置固定。

加工时选择的电参数为:空载电压峰值 95V;脉冲宽度 25μs;脉冲间隔 78μs;平均加工电流 1.8A。采用快速走丝方式,走丝速度为 9m/s;线电极为 0.3mm 的黄铜丝;工作液为乳化液。加工结果:切割速度 40~50mm^2/min;表面粗糙度和加工精度均符合要求。

(2)零件加工

① 加工零件的特点。

a. 品种多,批量大小不定。

b. 具有薄壁、窄槽、异形孔等复杂结构图形。

c. 不仅有直线和圆弧组成的图形,还有阿基米德螺旋线、抛物线、双曲线等特殊曲线组成的图形。

d. 图形大小和材料厚度常有很大的差别。技术要求高,特别是在加工精度和表面粗糙度方面有着不同的要求。

② 加工实例。

图 6-26 所示为异形孔喷丝板。其孔形特殊、细微、复杂,图形外接参考圆的直径在 1mm 以下,缝宽为 0.08~0.1mm,孔的一致性要求很高,加工精度在 ±0.005mm 以下,表面粗糙度小于 R_a0.4μm,喷丝板的材料是不锈钢 1Cr18Ni9Ti。在加工中,为了保证高精度和小表面粗糙度的要求,应采取以下措施。

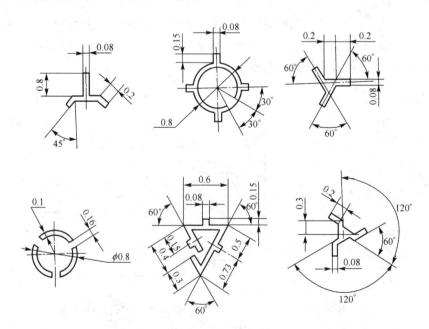

图 6-26 异形孔喷丝板实例

a. 加工穿丝孔。细小的穿丝孔是用细铝丝作电极在电火花成形机床上加工的。穿丝孔在异形孔中的位置要合理,一般是选择在窄缝相交处,这样便于校正和加工。穿丝孔的垂直度要有一定的要求,在 0.5mm 高度内,穿丝孔孔壁与上下平面的垂直度应不大于 0.01mm,

否则会影响线电极与工件穿丝孔的正确定位。

b. 保证一次加工成形。当线电极进退轨迹重复时,应当切断脉冲电源,使得异形孔诸槽能一次加工成形,有利于保证缝宽的一致性。

c. 选择线电极直径。电极直径应根据异形孔缝宽来选定,通常采用直径为 0.035～0.10mm 的线电极。

d. 确定线电极线速度。实践表明,对快速走丝线切割加工,当线速在 0.6m/s 以下时,加工不稳定。线速为 2m/s 时工作稳定性显著改善。线速提高到 3.4m/s 以上时,工艺效果变化不大。因此,目前线速度常用 0.8～2.0m/s。

e. 保持线电极运动稳定。利用宝石限位器保持线电极运动的位置精度。

f. 线切割加工参数的选择。选择的电参数如下:空载电压峰值为 55V,脉冲宽度 1.2μs,脉冲间隔为 4.4μs,平均加工电流为 100～120mA。采用快速走丝方式,走丝速度 2m／s,线电极为ϕ0.05mm 的钼丝,工作液为油酸钾乳化液。加工结果:表面粗糙度 R_a0.4μm,加工精度±0.005mm,均符合要求。

6.3 数控电火花线切割编程加工

要使数控电火花线切割机床自动完成切割加工,首先必须编制加工程序。在编程前应了解所选用的数控线切割机床的规格、性能、详细阅读编程说明书及指令格式等。对零件的几何形状、尺寸及工艺要求进行分析,确定加工路线,进行必要的数值计算,获得加工数据。根据规定的指令格式,将工件的尺寸、切割轨迹、电极丝半径和放电间隙补偿等编制成相应的加工程序。我国大多数数控线切割机床指令格式以前大多采用是图形编程,3B、4B 格式指令编程,现在已使用符合国际标准的 ISO 格式。

6.3.1 ISO 代码程序编制

数控线切割机床采用 ISO 格式编程的程序段格式与其他数控机床一样,用字-地址可变程序段格式。其准备功能中的 G00、G01、G02、G03 及一些辅助功能(如 M02、M08、M09 等)与一般数控机床的功能完全相同。坐标值的单位规定为μm,μm 以下应四舍五入。下面着重介绍形式相同但功能有所区别的指令和数控线切割特有的指令。

(1) 加工起点的确定 G92

指令格式:G92 X__Y__;

功能:确定程序的加工起点。

说明:X、Y 表示起点在编程坐标系中的坐标值。

例如,G92 X5 000 Y5000;

表示起点在编程坐标中为 X 方向 5mm,Y 方向 5mm。

(2) 镜像加工指令 G05～G12

在加工和其他工件形状对称的工件时,可以利用原来的程序加上镜像加工指令,即可方便地得到新程序。镜像加工指令单独成为一个程序段,在该程序段以下的程序段中 X、Y 坐标按照一定的关系式变化,直到取消镜像指令为止。

① 指令格式:G05

功能：X 轴镜像。

关系式：$X=-X$。

② 指令格式：G06

功能：Y 轴镜像。

关系式：$Y=-Y$。

例如，原程序段：

  N10 G92 X0 Y0

  N20 G01 X10 000 Y25 000

  N30 G01 X20 000

  … …

X 轴镜像后程序段：

  N10 G92 X0 Y0

  N15 G05

  N20 G01 X10 000 Y25 000

  N30 G01 X20 000

  … …

执行镜像后加工路线如图 6-27 所示。

③ 指令格式：G07

功能：X、Y 轴交换。

关系式：$X=Y$，$Y=X$。

例如，原程序段：

  N10 G92 X0 Y0

  N20 G01 X10 000 Y30 000

  N30 G01 X20 000

  … …

X、Y 轴交换程序段：

  N10 G92 X0 Y0

  N15 G07

  N20 G01 X10 000 Y30 000

  N30 G01 X20 000

  … …

执行 X、Y 轴交换后加工路线如图 6-28 所示。

④ 指令格式：G08

功能：X 轴镜像、Y 轴镜像（相当于同时执行 G05、G06）。

关系式：$X=-X$，$Y=-Y$。

⑤ 指令格式：G09

功能：先 X 轴镜像，再 X、Y 轴交换（相当于先执行 G05、后再执行 G07）

关系式：$X=-X$；然后 $X=Y$，$Y=X$。

⑥ 指令格式：G10

功能：先 Y 轴镜像、再 X、Y 轴交换（相当于先执行 G06、后再执行 G07）。

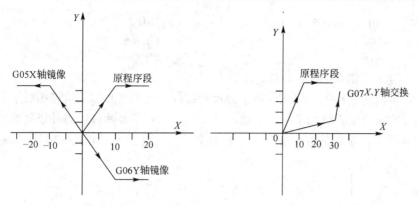

图 6-27 X 轴镜像 Y 轴镜像　　　　图 6-28 X、Y 轴交换

关系式：$Y=-Y$；然后 $X=Y$，$Y=X$。

⑦ 指令格式：G11

功能：先 X、Y 轴分别镜像，再 X、Y 轴交换。

关系式：$X=-X$，$Y=-Y$；然后 $X=Y$。

⑧ 指令格式：G12

功能：取消镜像。

(3) 电极丝半径和放电间隙补偿指令 G41、G42、G40

① 指令格式：G41 D＿＿

功能：左补偿。

说明：D 为电极丝半径和放电间隙之和，单位为 μm。

② 指令格式：G42 D＿＿

功能：右补偿。

③ 指令格式：G40

功能：取消补偿。

【例 6-1】 编制一凸模加工程序，如图 6-29 所示，电极丝直径 ϕ0.15mm，放电间隙 0.01mm。

程序如下：

```
N10    G92  X-20 000  Y-20 000              确定加工起点
N20    G41  D85                             左补偿、补偿量 0.085mm
N30    G01  X-10 000  Y-10 000              进刀
N40    G01  X-30 000  Y-10 000              开始加工轮廓
N50    G02  X-30 000  Y10 000    I0  J10 000
N60    G01  X-10 000  Y10 000
N70    G01  X-10 000  Y30 000
N80    G02  X10 000   Y30 000    I10 000  J0
N90    G01  X10 000   Y10 000
N100   G01  X30 000   Y10 000
N110   G02  X30 000   Y-10 000   I0  J-10 000
N120   G01  X10 000   Y-10 000
N130   G01  X10 000   Y-30 000
N140   G02  X-10 000  Y-30 000   I-10 000  J0
N150   G01  X-10 000  Y-10 000
```

N160	G01	X−20 000　Y−20 000	退刀
N170	G40		注销补偿
N180	M02		程序结束

（4）锥度加工指令 G51、G52、G50

加工带锥度的工件时，用工件下平面尺寸编程。由上平面加工轨迹相对于下平面加工轨迹的偏置方向决定工件加工后的形状，分左偏置和右偏置两种。另外还要给出下导轮到工作台的高度 W，工件的厚度 H，工作台到上导轮的高度 S，如图 6-30 所示。

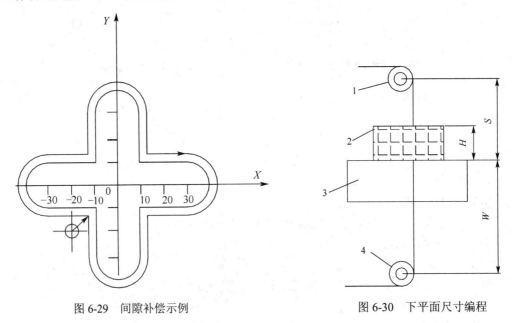

图 6-29　间隙补偿示例　　　　　　　图 6-30　下平面尺寸编程

1—上导轮；2—工件；3—工作台；4—下导轮

① 指令格式：G51 A__

功能：左偏。

说明：沿加工轨迹方向看，电极丝上端在底平面加工轨迹的左边，如图 6-30 所示。A 为锥度值。

② 指令格式：G52 A__

功能：右偏。

说明：沿加工轨迹方向看，电极丝上端在底平面加工轨迹的右边。如图 6-30 所示。

③ 指令格式：G50

功能：取消锥度。

【例 6-2】　编制一圆台加工程序，如图 6-31 所示。圆台底圆直径ϕ40mm，高度 50mm，锥度为 4∶1，电极丝直径ϕ0.15mm，放电间隙 0.01mm。

锥度加工左右偏置示例如图 6-31 所示。

程序如下：

N10	G92	X−30 000　Y0	确定加工起点
N20	W60 000		下导轮到工作台的高度
N30	H50 000		工件厚度
N40	S100 000		工作台到上导轮高度
N50	G52	A4	加工锥度、右偏

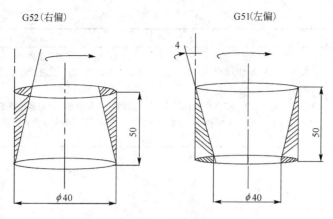

图 6-31 锥度加工

```
N60    G41  D85                          左刀补
N70    G01  X–20 000    Y0               进刀
N80    G02  X20 000    Y0   I20 000 J0   加工锥面(半圆)
N90    G02  X–20 000   Y0   I–20 000 J0  加工锥面(另半圆)
N100   G50                               注销锥度
N110   G40                               注销补偿
N120   G01  X–30 000   Y0                退刀
N130   M02                               结束
```

6.3.2　3B 代码格式程序编制

在数控切削加工中,ISO 指令格式已得到普及,但原有的一些机床仍然在使用 3B、4B 格式,下面讲解 3B 代码编程。

3B 指令的程序段格式为:

$$B X\_\_ B Y\_\_ B J\_\_ G Z$$

其符号含义及作用见表 6-6 和图 6-32 所示。

表 6-6　3B 指令符号含义及作用

符号	名称	作用	备注
B	分隔符	分隔 X、Y、J 避免混淆	当 X 或 Y 为零省略时,分隔符 B 不能省略
X、Y	坐标值	加工斜线时,坐标原点移至加工起点。X、Y 为终点坐标值。单位为 μm 加工圆弧时,坐标点原点移至圆心,X、Y 为圆弧起点坐标值	一般规定只输入坐标的绝对值 当直线平行于坐标轴时,X=0 或 Y=0
J	计数长度	用于控制加工长度。等于加工线段在选定坐标轴上的投影长度。即投影长度的绝对值的总和,单位为 μm	直线:为投影长度较大的坐标轴上的投影 圆弧:各象限圆弧在计数方向上的投影长度之和 编程时计数长度应补足六位
G	计数方向	计数时选择作为投影的坐标轴方向	以 X_e、Y_e 表示 X 和 Y 方向终点坐标 对斜线: 当 $\|X_e\| > \|Y_e\|$ 时取 G_x 当 $\|Y_e\| > \|X_e\|$ 时取 G_y 对圆弧: 当 $\|X_e\| > \|Y_e\|$ 时取 G_y 当 $\|Y_e\| > \|X_e\|$ 时取 G_x

续表

符号	名称	作用	备注
Z	加工指令	用来传达机床发出的命令 直线：L1、L2、L3、L4 顺圆：SR1、SR2、SR3、SR4 逆圆：NR1、NR2、NR3、NR4	直线：由终点所在象限决定，如图 6-32（a）所示。当终点在坐标轴上时，X 轴正向为 L1，反向为 L3；Y 轴正向为 L2；反向为 L4 圆弧：由圆弧起点所在象限决定，如图 6-32（b）、（c）所示。当起点在坐标轴上时，由切割的运动趋势决定 $R1$、$R2$、$R3$、$R4$

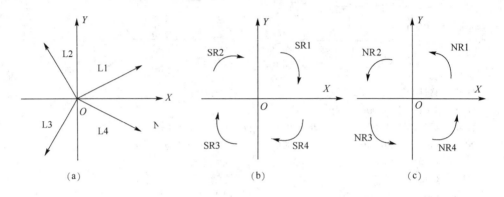

图 6-32 加工指令

【例 6-3】 如图 6-33、图 6-34 所示，编写程序格式的实例分别介绍如下。

① 加工一条与 X 轴负方向为 60°、长度为 80mm，终点在第Ⅲ象限的斜线，其程序为：
B40000 B69282 B069282 GY L3

② 加工一条与 Y 轴正方向重合、长度为 21.5mm 的直线，其程序为：
B　B　B021500 GY L2

③ 加工线段的起点为 A（-3，2.5），B（2.5，-4.3），其程序为：
B5500 B6800 B006800 GY L4

④ 设圆弧的圆心在坐标原点为 O（0，0），起点为 A（-5，0），终点为 B（0，5），则其程序为：

B5000　B　B005000　GX SR2

如果起点坐标在 X 轴负方向上，加工逆时针圆弧，则加工指令应该为 NR3。

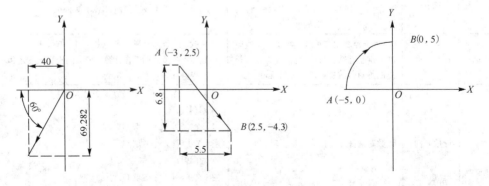

图 6-33 3B 代码编程加工直线和圆弧

⑤ 加工图6-34(a)所示的圆弧，起点为 A（3，–4），终点为 B（1.5，4.77）。由于终点 B 靠近 Y 轴，$|Y_B|>|X_B|$，故取 GX，圆弧半径 $R^2=X_A^2+Y_A^2$，代入，即：$R^2=3^2+(-4)^2$ 得 $R=5$mm，计算长度 $J=(R-X_A)+(R-X_B)=5.5$mm，则加工程序为：

　　B3000　　B4000　　B005500　　GX　　NR4

⑥ 加工图6-34(b)所示的圆弧，起点为 A（7，–12），终点为 B（12，7）。由于终点 B 靠近 X 轴，$|X_B|>|Y_B|$ 时取 GY，圆弧半径 $R^2=X_A^2+Y_A^2$，得 $R=13.892$mm，计算长度 $J=(R-Y_A)+2R+(R-Y_B)=36.568$mm，则加工程序为：

　　B7000　　B12000　　B036568　　GY　　SR4

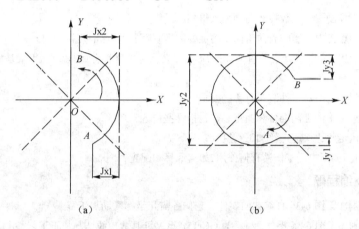

图 6-34　3B 代码编程加工圆弧

【本章小结】
　　本章主要讲述了电火花线切割加工的基本原理、主要加工特点、适用范围、影响加工质量的因素、加工工艺的制订、典型零件的工艺分析及线切割加工程序的编制。

思考与练习题

一、填空题

1. 数控线切割加工的基本原理是利用移动的细金属导线（　　）作（　　）对导电或半导电材料的工件作为（　　）进行脉冲火花放电。

2. 切割速度是反映（　　）的一项重要指标。

3. 切缝宽是由线电极（　　）和（　　）决定的。

4. 工件位置的校正常采用（　　）、（　　）和（　　）。

5. 线电极的位置校正常采用（　　）、（　　）和（　　）。

6. 多次切割加工也叫（　　）。

7. 多次切割加工可提高线切割（　　）和（　　），修整工件的变形和（　　）。

二、判断题

1.（　　）i_e 增大时，线切割加工速度提高，但表面粗糙度变差。

2.（　　）u_i 提高，加工间隙增大，切缝宽，排屑变易，提高了切割速度和加工稳定性，但易造成电极振动，使加工面形状精度和粗糙度变差。

3. (　　) 在相同的工艺条件下,高频分组脉冲常常能获得较好的加工效果。

4. (　　) 在一定范围内,随着走丝速度的提高,线切割速度也可以提高,提高走丝速度有利于电极丝把工作液带入较大厚度的工件放电间隙中。

5. (　　) 走丝速度也影响电极在加工区的逗留时间和放电次数,从而影响电极的　损耗。

三、简答题

1. 简述电火花线切割加工的基本原理。
2. 影响线切割加工工艺指标的主要因素有哪些?
3. 数控线切割加工有哪些特点?
4. 为什么在模具制造中,数控线切割加工得到广泛应用?
5. 数控线切割加工中,影响表面粗糙度的主要因素有哪些?其影响规律如何?
6. 数控线切割加工的主要工艺指标有哪些?影响工艺指标的因素有哪些?这些因素是如何影响工艺指标的?
7. 数控线切割加工中对工件装夹有哪些要求?
8. 数控线切割加工的工艺准备和加工参数包括哪些内容?
9. 为什么慢速走丝比快速走丝加工精度高?
10. 数控线切割加工中,工作液有何作用?如何选择和配置?

四、工艺及编程题

1. 数控线切割加工图 6-35 直纹曲面零件,它们各需几坐标联动加工?
2. 数控线切割加工图 6-36 零件,材料为 GCr15,试制订其数控线切割加工工艺。并用 ISO 格式编制其线切割加工程序。

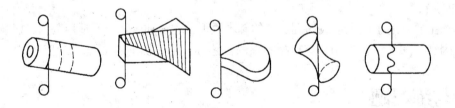

(a) 加工窄螺旋槽　(b) 加工扭转锥台　(c) 加工平面凸轮 (d) 加工双曲面 (e) 加工回转端面曲线

图 6-35　工艺及编程题 1 图

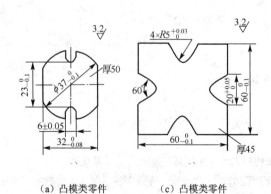

(a) 凸模类零件　　　(c) 凸模类零件

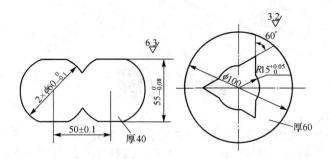

(b)凸模类零件　　(d)凹模类零件

图 6-36　工艺及编程题 2 图

参考文献

[1] 张安全主编. 数控加工与编程. 北京：中国轻工业出版社，2005.
[2] 周晓宏主编. 数控铣床操作技能考核培训教程. 北京：中国劳动社会保障出版社，2005.
[3] 詹华西主编. 数控加工技术实训教程. 西安：西安电子科技大学出版社，2006.
[4] 王志平主编. 数控加工编程与操作. 北京：高等教育出版社，2005.
[5] 文灿主编. 数控加工编程与操作. 西安：西安电子科技大学出版社，2007.
[6] 龙光涛主编. 数控铣削编程与考级. 北京：化学工业出版社，2006.
[7] 胡相斌主编. 数控加工实训教程. 西安：西安电子科技大学出版社，2007.
[8] 尹玉珍主编. 数控车削编程与考级. 北京：化学工业出版社，2006.
[9] 杨建明主编. 数控加工工艺与编程. 北京：北京理工大学出版社，2006.
[10] 张君主编. 数控机床编程与操作. 北京：北京理工大学出版社，2007.
[11] 唐刚，谭惠忠主编. 数控加工编程与操作. 北京：北京理工大学出版社，2008.
[12] 王洪主编. 数控加工程序编制. 北京：机械工业出版社，2003.
[13] 潘宝权主编. 模具制造工艺. 北京：机械工业出版社，2004.
[14] 华茂发主编. 数控机床加工工艺. 北京：机械工业出版社，2000.
[15] 刘虹主编. 数控加工编程与操作. 西安：西安电子科技大学出版社，2007.